認識大陸作家系列

舌尖風流

朱曉劍 著

美食盛宴，
任個纏綿。

目次

第一輯 好吃是一種病

第二輯 吃飯是門手藝活

第三輯 吃飯的雞零狗碎

第四輯　豪情的飯局

第五輯 那些難忘的飯事

第一輯

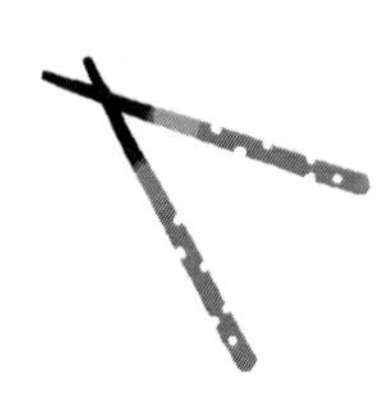

好吃是一種病

舌尖上的春天

三月外出踏青除了到處看看風光之外，就是品嚐一道道野菜了，它們風味各異不說，還能搞成一個「養生野菜節」，野菜多達五十多個品種，可以讓不愛肉食愛野菜的人好好享受一盤了。有個笑話說：「沒錢的時候，在家吃野菜，有錢的時候，在酒店吃野菜。」現在，就連單位食堂也有野菜可賣了，可見野菜的流行不僅是食尚風，也有素食主義者的流韻。

如今野菜進了城，連名字都改了，比如折耳根進了城叫「魚腥草」，藤藤菜進了城叫「空心菜」，牛皮菜進了城則叫「厚皮菜」……好像這樣一來，野菜的身價就上漲了N倍，簡直沒道理可言。前段時間跟一夥人去青城山耍，硬是要老闆端幾樣野菜出來，反正是嚐個鮮嘛，至於是不是有什麼藥用價值，也都不要緊的。

馬齒莧焯過之後炒食、涼拌、做餡都可以；蕨菜可以做成滑炒脊絲蕨菜、蕨菜扣肉、涼拌蕨菜；摘些薺菜的嫩莖葉或越冬芽，焯過後涼拌、蘸醬、做湯、做餡、炒食都可以，還可以熬成鮮美的薺菜粥；灰灰菜也是常見的食材，一般是切碎了和在糯米粉或麵粉裏做成饃饃，蒸著吃或煎著吃。春天到古鎮去，就有挎著籃子的婆婆在賣灰灰菜粑粑。而且各種野菜都有自己獨特的功效，茴香能減肥、抱子甘藍能抗癌、蒲公英能清熱解毒……每年去龍泉看桃花都少不了吃中飯，中飯必有兩三樣野菜，叫不上來名字，略苦，但有一種清香，再來一杯店家自己釀的酒，就更安逸了，吃罷還能令人回味一番，連說幾聲「巴適的板」，如此才算踏青一回了。

成都也有館子在春天時節賣起了野菜，說是從山上採摘而來，味鮮不說，有股子野氣在，這樣的菜一上桌，也就身價倍增了，就是因為它是野菜的嘛。華陽有家鹽邊香，成為野菜一族的必選之地，另有家餐館更是春天有野菜宴，初夏有枇杷宴，城區的各種山珍野菌湯也吸引了不少食客。另外，值得一說的是，有個超模冠軍叫瞿佳的，專門到成都來種野菜。也許從野菜身上她發現了什麼秘密。

當然，春天還可以做上野菜餅，或春捲之類的吃物，如果有閒情的話，還可採摘槐花，做槐花餅、槐花湯、槐花菜、槐花糕、槐花餃子……少說也可以做七八個菜，那簡直就是一場槐花宴。

至於常見的折耳根，詩人聶作平說，啄折耳根的女子走了一波又一波，只有折耳根依舊翠綠著，沉默在廣闊的田野上，等待鄉村的女子將它們啄回家去，洗乾淨；再送到小販手中，坐汽車、坐火車來到都市，悄然出現在你家的餐桌上，等你漫不經心地夾幾筷子。這樣的情景大約只有詩人才能體會的出來，像我這樣的俗人只有肅然起敬的份了。

春天還沒到，周圍的一些素食主義者就開始推薦起了素食，花樣繁多不說，好像不吃一回素食就對不起這個春天似的。每次大夥聚會，幾個人很起勁地大碗喝酒大塊吃肉，旁邊就有一個素食者看著我們，他就要一碗蛋炒飯，一碟泡菜就輕易對付過去，這對我們來說這是過於誇張的事。每每我們停下筷子看他，他都有幾分氣定神閒，對我們的吃喝似乎沒多大的興趣，甚至連看一眼都懶得看，我們也就多了幾分暴殄天物之感了。但下次吃飯照舊是這樣的情景，我們過的原本不是素食主義的生活方式嘛。

有種說法是，春天吃野菜才叫享受。如果不吃野菜的話，有一餐素食，也是十分美妙的事情了。這樣的一個春天因為有了野菜，舌尖才是算得上滋潤那麼一下，至少於回憶都是幸福的。

吃飯，是件掛羊頭賣狗肉的事

吃吃喝喝過一輩子，真好。大概沒人反對這樣的話，畢竟我們的一生最頻繁做的事情就是這個。不過，美食在不同的人生階段，味道也是大不相同的，而這就如同四季的變遷影響著一個人的食慾一樣，沒有更多的道理可言。也許這就是美食帶給我們的不僅是味覺的勾引，更有美食之後的想像了。

在春暖花開的時節，成都人的戀愛食譜也有小小的變化。有的朋友已經宣稱，一定好好地吃那麼一下，好像那麼多年白吃白長成人了似的。怎麼吃呢？主題餐廳去吧。在成都這樣那樣的主題餐廳是很多的，比如黑暗餐廳、馬桶餐廳之類的都曾出現過，但很快就消失了，畢竟成都人吃飯講究個「鮮」字，就如同初戀，甚至熱戀中的男女那樣：浪漫的、麻辣的，「鮮」不僅意味著妙不可言，還是把這其中的曲折和喜劇結合在一起，讓人欲罷不能。吃飯如此，耍也是如此。

如果開一個成都人的戀愛食譜，當然不僅僅限於吃的，還應該包括其他的活動內容，用「洋洋大觀」來形容簡直是再地道不過的了，吃當然是吃得上五花八門：異國風情、川派新菜、傳統式樣……可以根據各人的喜好，或說成戀愛風格也成，可以適時調出一味饕餮大餐來。至於主題餐廳嘛，喜歡電影有電影餐廳，喜歡動漫去日本秋葉原文化女僕主題餐廳……總之，要吃什麼，怎麼吃，都不是問題的，要吃得安逸才成。

吃完以後，當然是不會立即散去，還需要其他活動不間斷進行，這才算得上是一個完美的旅程。耍更是有得耍，不管是戶外還是室內，都要別具風情，更不要說去泡吧什麼的了。哪怕是在街頭散步，也是各有味道的，比如在獅子山，能令人想起那久違的舒緩，而不太熱鬧的街道上，能讓人小小地抒情一下，「讓我一次耍個夠」，這也是沒道理可言的。更何況吃和耍，兩者猶如一對孿生的兄弟，相輔相成，離了誰都會耍不轉、吃不好，那是一定的了。這正如普魯斯特所形容的那樣：心愛的人，既是痛苦的淵源，又是緩解痛苦、加深痛苦的藥劑。

吃飯，要做到有情趣，也是大不易的，這就如同每一部戲都有點前戲，而高潮總會關鍵的一刻來臨，但它可能永無長久。我們越來越在乎的似乎是這個了。社會學家會把這歸結於社會症狀的最佳反映。其實，更深層地看，是我們的社會文化一步步把我們變成這個樣子吃飯了。

谷川如是閒說，小女的戀情如詩歌，成年婦女的戀愛是哲學。男人大概也是如此的：到底戀愛與美食奇妙的結合，讓戀愛更豐盛的同時，美食也就多了另外一重味道的吧。不僅戀愛如此，各種飯局也都沾染上這一層意思。

事實上，現在吃飯是件掛羊頭賣狗肉的事，除了吃飯，還要再做點什麼，如此，吃飯就成了一種必要的點綴，裝飾著我們的飯局，從高潮走向更高潮。這當然是最佳的，最不濟的是在緊要關頭，這吃飯的意義也就可能發生了變化，至少是在美食當道的今天，我們舍美食，還有另外的選擇吧。

有時想像，吃飯應該是最簡單的事情，但現在是越來越複雜了。因此，吃飯就成了某種理由，而吃飯的背後所隱藏著的是一段故事，不管是盪氣迴腸，還是平平淡淡，都應該是值得珍藏的記憶了。

成都人的飯廳在戶外

夏天，對不少人而言，吃飯總是很麻煩的事。不管吃什麼，在什麼地方吃，都難逃汗流浹背的場面，即使在豪華的餐廳、紳士淑女都無法抵擋夏天的熱氣。在成都，夏天的熱不像北京、武漢，雖然同樣熱卻多少一些自然熱。對成都人來說，吃飯，還是在自然環境裏吃飯好一些，至少不必拘束自己的味蕾。

不少人認為，成都人的飯廳在戶外是因為此次汶川大地震之後的餘震。事實上，這更深層次的原因是，成都人在戶外吃飯是有長久的歷史傳統的。從另一方面來說，是成都人把飲食發揮到極致的表現。這就像十九世紀英國風景畫家塔納某次在晚宴席上凝視盤裏的沙拉，對鄰座賓客說的那樣：這涼爽的顏色正是我所用的顏色。事實上，成都人的飯廳之所以在夏天選擇在戶外，就在於這是沒多少道理可說的。

外面吃的盛宴

不管是不是週末，成都的餐館常常是爆滿。特別是在夏天裏，成都人捨棄了空調餐廳，儘管在那裏一樣可以享受到美食，但相比較而言，不夠自然。而露天的餐廳到處都是，桌子椅子擺滿了大街小巷，好像一進入夏天，成都就成了一個天然的食堂。

以往，成都的飲食就花樣繁多，到了夏天更是如此。冷啖杯就不用說了，僅僅是燒烤，就花樣百出，魚肉可以，海鮮、蔬菜也都在行。冷鍋串串也是這樣，很多菜放在一起煮，然後找個缽缽端上來——全然不同火鍋的味道。

吃得新鮮，吃得高興。成都人隨便在街邊找一家小吃店，就幾份涼拌菜，就著啤酒，不僅可以打發一餐，而且三五好友相聚，吃到酒酣處，喊一彈吉他的小夥子或美女點一支歌。歌聲嘹亮，立刻引來掌聲。這樣的吃飯氛圍在不少外地人看來，不僅誇張，也不夠文雅。但成都人哪兒管得了那許多，吃就是要吃氛圍嘛。再者，如果吃飯過於拘謹，就顯得不夠豪氣，倒真成了「假打」。

情侶夏天的吃飯似乎也不顧及許多了，在路邊的空檔餐館，選擇一個僻靜的角落裏，安靜地吃飯，一樣的有情趣，不需要燭光的晚餐，「天空中的星星和月亮多自然」，男生總會這樣說。在外地雖然也能看見這樣的景象，但總會缺少一分美感。在許多城市遊歷過的石映照這樣總結成都的吃飯。

另外，在網路的論壇上，到處都可見好吃嘴的集散地，每週都舉行的美食活動，吃潮流，也吃味道，從高潮走向高潮。露天餐廳在夏天是首選，這樣的吃喝，不管是不是蒼蠅館子，都能吃到嗨。

在外面吃飯不僅是一場盛宴，那場面之壯觀、之家常，令人歎為觀止，但對成都人而言，這是深有含義的。如果不是親密的朋友，就會在有空調的房間裏吃，眾所周知，在比較正式的場合，卻很容易疏遠雙方的距離。在外面吃，就大大不同了：不管關係的親疏，都可以迅速打成一片，如此吃飯不再是主要的內容，而是感情的交流、業務的探討、生意的談判……這飯廳就成了自家的第二間客廳、辦公室。這多少兼具茶館的功能了。甚至比茶館能適合交流一些，這是因為在飯廳裏，吃飯間談判，可以互相測量對方的目標，如此就能更好地贏得談判。即便是男女之間的試探，在這裏也是極其玄妙地展現出來。

如果說在吃飯的時候，可以盡現人物的百態。成都人因此更有理由相信，在戶外吃飯，並不是一件簡單的事。它所包含的內容不僅有飲食、社交、生活等等，大而化之，是對生活的享受。

在外面吃的經濟學分析

在外面吃，不僅具備社會功能，若從經濟學上分析，這無疑是一種對吃的精打細算，做到滴水不漏，可見成都人對吃飯的基本態度。芝加哥學派的社會學家派克在《城市》一書裏教導我們說：「城市……不只是一群人和社會設施（街道、建築等）的聚合，……也不只是一組制度和管理（宮廷、醫院、學校）。……城市毋寧說是一種心態，一套習俗和傳統，一套有序的態度與情感，它們內在於習俗中，通過傳統而傳承」。毫無疑問，吃飯也是有傳統的，而在外面吃也不例外。

如果追蹤成都人在外面吃的歷史，不難發現，它起源於成都的鬼飲食，同時是由夜晚轉入到晚飯時間。對此，禪學家南北認為，這將是一場真正的革命！這是基於人類生存本身的、從嘴開始的革命！它靜悄悄的發生著，傳播著，在世界的善良和智慧人群中。但從嘴開始的革命必將深刻地震撼靈魂，恢復人類生命的正確途徑。

二十世紀初西方人曾把成都茶館與英國的酒館相比，他們對人們在那裏的「社會閒聊」很感興趣，並觀察到它們在社區的重要作用。一個外籍教師對他所住小巷的「舒適茶鋪」印象甚深，他認為那茶館便是「這個巷子的社會中心」。而飯廳在成都人的眼裏，也是社會的縮影，各種資訊在這裏交流……

在外面吃，端的是要經濟實惠，而又能較好地營造氛圍，其中有這樣幾個特點值得研究的，從中我們可見成都人之所以熱衷在戶外吃飯的因由：

經濟。這經濟可不屬於經濟學的範疇，更多的是在吃飯前，成都人都盤桓一下自己的錢包。然後再決定去哪家餐館，冷啖杯也好，啃兔頭也好，總不可過於寒磣。在成都人看來，家常就很好，所以家常菜、外婆菜等等都很流行，有時他們也把飯桌擺到外面來。吃飯看似簡單，實則繁雜的很，更為重要的是，這吃飯的學問成都人掌握的恰到好處，跟誰吃，吃什麼都是大有講究的。

好吃。好吃的概念相當寬泛，但在成都人的眼裏，在外面吃當然是最重要的是味道，這味道相類似的話，就看是不是有一兩個特別的菜吸引人了。一般而言，在戶外的飯廳都有幾個拿手好菜，令人百吃不厭。如此才能使回頭客一波一波的來。

方便。儘管在成都有吃飯排隊的場面，在戶外吃飯絕少有這樣的，就是因為選擇太多，隔上幾百米，就有一家新餐館，說不定可以嚐鮮。總之，是有得選擇，不必費心費肝的等待下去，離開一家餐館，也就意味著可能是海闊天空。

氛圍。吃飯需要一個氣場在，是不是能吃得安逸，就看餐館的氛圍是不是夠好，雖然這是不能量化的概念，但在成都人的眼裏，是再重要不過的事了。畢竟喝茶可以亂七八糟的人在一起喝，吃飯要選擇吃得有氛圍的地方，幾個人擺龍門陣也能夠擺下去，要不，那就是最沒勁的事了。

很多外地人不明白成都人開寶馬賓士的為何跟平頭百姓在戶外飯廳裏一起吃飯。但幸福的經濟學認為，人類儘管地位不同、職業不同，但追求的幸福是相同的，至少是類似的。那麼，基於這個道理，我們就不難明白他們之間的幸福是相似的，儘管在追求幸福的手段上可能有很大的差異。

成都人在吃飯上表現得甚至是有些揮霍，而這恰如同他們對生活的無比熱愛。

為什麼說成都是適宜在外面吃飯的城市?事實上，在其他城市也一樣適宜在外面吃飯的。同樣作為休閒城市的杭州、青島等城市卻少有人在外面吃，是跟當地的人文氣質相關。天堂杭州跟天府成都相類似，但杭州人一定忍受不了成都人在外面吃飯，擦鞋的小妹過來說：「先生，你的鞋子髒了，擦一下嘛。」這可能被外地人視為陋習，誇張地認為是不文明的表現。但在成都，這是節約時間的最佳方式，說成都人的閒，更多的是把許多事打組合，如此才有時間來「悠閒」。

適宜在外面吃的城市

在地理學上，成都位於北緯30度。而這一緯度被人稱之為地球的臍帶，氣候溫潤，環境良好著稱。從而，跟其他城市劃分開來。這一緯度在飲食也特別豐富，味道獨具個性，它不像周邊任何一個同類城市，常常是把其他菜系融合發揮成新的菜系品種，因此，這一區域的生活更為豐富多彩。

在夏天，若僅是從溫度上來分析，不難發現，離成都最近的武漢、重慶、西安，乃至於昆明，平均氣溫都比成都高許多，即使是在夜晚來臨時到戶外吃飯，不管是吃武漢的鴨脖子，還是重慶的小面，都無法抵擋熱浪翻滾，在成都，天氣也可能是悶熱的，但氣溫是比較低的，在戶外吃飯，不僅可以緩解精神的壓力，也能帶給身心的享受。

美食評論家雷絲•雷克爾在《天生嫩骨》一書中表示，「食物是用來瞭解這個世界的一種方法……當你觀察一個人吃東西時，你會發現什麼樣的人，就吃什麼樣的食物。」同樣的道理，我們在觀察一個城市的飲食習慣時，也會得出這樣的結論。這並不是說，成都人夏天所吃的冷啖杯、燒烤就適宜在戶外吃。要知道，在成都，燒烤也可能擺在室內，在狹小的空間裏，燒烤的氣場常常會被破壞掉，因此，成都人更樂意從室內走向戶外，畢竟戶外是更有施展的空間的。

當然，這跟人文關懷無關，跟社會發展無關，而是成都人根植於美食深處的眷戀，在那裏不管是一個人低徊，還是開心的吃，都能讓人享受到美食帶來的快感。

成都人在戶外吃飯，看似簡單而有趣，其實是反映了成都人的生活態度，在不經意間發現生活原來可以這樣，過得有趣、好玩。也許這在外地人看來，很奢侈。那又有什麼關係呢？實在是，吃飯這回事是關乎個人的趣味，跟城市精神什麼的，卻沒有多大的關係的。

成都人好吃其實是一種病

「成都真的是美食天堂。」外地人眼裏的成都大抵是如此的，豈知成都的這個名號不是虛傳的，而是根源於成都人對吃的態度，透著對美食的包容與喜愛。如果說成都人的會吃才成就了川菜王國的博大精深，相信這個會吃是出乎許多人意料的，簡單的說，就是吃得古怪精靈，更主要的是吃得時尚、環保。一兔四十八吃、百味泥鰍、百種豆腐宴……花樣翻盡，又層出不窮，從而保持了川菜的先進性。

在成都，民間的、官方的、行業的美食PK，每年都不曉得有好多起，冠以各種名目，一競高低，簡直是群雄爭霸，就是一個美食小店都會搞活動推廣自己的品牌，至於各種節慶活動更是少不了這一內容，大有成為新時代的老傳統的趨勢。甚至於你隨意點開一家成都相關的論壇，都會找到如何DIY美食、分享美食的帖子。FB活動，猶如每週單位的例會一樣準時，更是成為論壇的推力。可見吃對成都人的重要性，不僅僅在於吃，更在於這吃能讓人上癮，從而進入到美食的最高境界。

每到下班之後，不少餐飲店都有端著凳子坐起，等吃飯的人，但他們絕不會提前幾個月去預定，因為成都的餐館多元，味道多樣，進不了這家，還有得別的選擇，另外還有一重是現在的館子變化很快，猶如女作家潔塵所言，時時進行著華麗轉身，也許下次去就換了另外的風格。畢竟是成都的美食豐富性是能讓人吃不完，吃不夠的。

不少外地的菜系，飄落到成都，本來可以開花結果的，但一經成都人的改良，面目就變了，雖然名號還在，到底是有名無實：粵菜、徽菜、東北菜，甚至於重慶火鍋、樂山鉢鉢雞，就連日本料理、印度菜等國際美食，也無不是如此，它們的尷尬身份只是暫時的，因為有了川菜的融合，可能真的是煥發了青春。這也可以說成是老菜品，裝上了新內容，而且這樣的做法很快就風靡全球，成為一種流動的時尚，引領著吃喝的潮流。

吃喝完了之後，就是玩，就是耍，千方百計的耍，變著花樣的耍，盡情地耍。所謂不耍就不耍，要耍就耍舒服，耍安逸，耍巴適。更為誇張的是成都人的玩家不叫玩家，而是耍家，在成都，不管你走到哪兒（農家樂、茶樓等等），都能看到耍得很開心的人們，即便是在進行很老套的玩法也能耍出一個新天地來。

吃的精神是享受至上，而耍的目標就是耍得有滋有味。這滋味可能包含有自戀的成分，但絕不是自我陶醉，而是放眼全球，尋找最新最刺激最有趣的玩法，哪怕是出門旅遊，也是要麼不出門，要麼出國門，在國內耍一下，似乎也不再多新鮮的事情了。而這不在於錢的多少，在於心情，在於活法。如果說全球正刮著的一股新風潮——慢活主義，那麼在成都早就實現了這個不說，而且一代代傳揚下去，不曉得至今已經有了好多年，在吃飯的過程中更是如此，午飯吃到晚上也不是什麼稀罕事。

作為成都人就是太幸福，太開心，太瀟灑，太浪漫，太情調，太巴適。因而，成都人一年四季都很忙，不是忙著耍，就是忙著策劃新鮮耍法、吃法，誰叫成都人好吃是一種病的呢。

吃得時尚，玩得成都。這就是這個城市不斷生長的基因所在。從這個意義上說，作為成都人，人人都是美食家，人人都是耍家。

魚的關鍵字

在國人的眼中，大概逢年過節不吃魚是很沒意思的事情，畢竟是要年年有餘的嘛。其實，魚跟雁一樣，可作為書信的代名詞。古人為秘傳資訊，以絹帛寫信而裝在魚腹中。這樣以魚傳信稱為「魚傳尺素」。唐宋時，顯貴達官身皆佩以金製作的信符稱「魚符」，以明貴賤。「魚」與「餘」諧音，所以魚象徵著富貴。可見，吃魚不僅是詩意的，也是十分美好的事了。

一位古希臘的哲人曾說：「人是由魚變的。」不管這是不是很科學，到底給人一種啟示，我們跟魚多少有些關係的。不過，漢代初期的《爾雅》把動物分為蟲、魚、鳥、獸四類。但關於魚的形容詞在古代是很不少的，比如「豚魚吉」《易・中孚》，「魚木精」《論衡・指瑞》「魚十有五」《儀禮・特牲禮》，「魚網之設」《詩・邶風・新台》，「鮮魚曰脡祭」《禮記・曲禮》，「魚上冰，獺祭魚」《呂氏春秋》……這些魚，當然是普通意義上的魚，談不上什麼深刻的寓意。

而關於魚的詞語是很不少的，比如魚鯇冠兒，說的是女道士戴的魚腦骨似的尖形帽子；

魚鱗冊，是「魚鱗圖冊」的簡稱。官府為徵派賦役而編造的土地薄冊；魚爛，是指像魚鱗那樣成了一小塊一小塊；魚軒，用魚皮裝飾的一種車輛，為貴婦乘用，估計是很豪華的了；魚膾，切得很細的魚肉。特指生食的魚片，味道一定很鮮美吧；魚質龍文，外貌似龍，而實質為魚。比喻虛有其表；魚魚雅雅，形容威儀整肅的樣子。因為魚貫行，鴉飛成陣……好像無所不能用魚來形容似的，仔細想來，對於魚的熱愛，在國人眼裏，不僅是一種生活，更有著一種文化上的追求，否則，也不會有如此多的詞語跟魚相關。

至於魚米、魚罩、魚秧、魚市之類的詞語也是早就有了的，大概他們是伴隨人們捕魚活動的進行而出現的，魚的吃法更不用說了，遠比今天有想像力的多，不是古人的創意多多，實則是吃魚，需要十八般手藝才能做到與眾不同，現在吃魚，固然是不同魚的吃法與口味有差異，就好似戀愛一般，有酸、有甜、有麻、有辣，但我以為，即使是遇到再好的館子，恐怕也是難以超過百種吃法的。

魚類大約有魚類約有兩萬六千多種，但也有的魚雖然以魚為名，但卻不屬於魚類，比如文昌魚，就是脊索動物。在廈門的劉五店鱷魚島附近曾流傳著一個傳說：文昌皇帝騎著鱷魚過海時，在鱷魚口裏掉下許多小蛆，當這批小蛆落海之後，竟變成了許多像魚樣的動物，為紀念文昌大帝的緣故取名為「文昌魚」。後來這些動物在那海域繁衍昌盛，當地漁民也以捕文昌魚為生了。

先秦諸子，對魚的描寫，沒人可及莊周項背，「子非魚，安知魚之樂？」，「相忘於江湖」這些都是作為莊周哲學的生動標籤而被人們津津樂道，魚的自由靈動，生機活潑，正是象徵了莊周哲學追求自由與逍遙思想的精髓。在莊周的印象中，釣魚是很好耍的事情，因而，他常常以漁翁的形象出現在後來者的文章中，他們給他以極高的讚譽：「和莊子賞魚去」，畢竟在現實生活中，做一條游來游去的魚是不那麼現實的事。這就好比在一個時代，有著那麼一些異見的人常常被作為另類看待，由此演繹出來的大多是悲劇，好在這個文明的時代，距離野蠻越來越遙遠了，這是不是魚的象徵最好體現呢。

黃辣丁的念想

初到成都，一夥人邀著去吃火鍋，點了黃辣丁。端上來一看，卻大為詫異，我道是何等的河鮮，不過是黃魚的一種，學名「黃顙魚」，在我老家喚作「刺節呀」，這應該是方言，無法擴大化的。只要捏住它背上的刺，就會叫一連串的「節呀」，而在上海就是所謂的昂刺魚。小時候常常下河逮魚，最不喜逮它，因為背、鰓都有刺，一不小心，就會被刺出血來。但它的叫聲蠻好玩的，猶如遊戲時，孩子的叫聲，想到這一層，不由得令人想笑那麼一下。

至於在成都為何把它叫成這名字，想來是因其色略黃而體形短小之故了。在成都黃辣丁卻享受著如此的「厚待」，實在是出乎我的意料，比如在新津或黃龍溪或樂山都可見其身影，因其味美，許多店子乾脆作為招牌菜來賣，似乎不管如何，你不來一些黃辣丁就白吃了一頓飯似的，大有欲罷不能的味道。其實不然，要說好吃的菜，大概每個店店都可做出一些吧，自然是各具特色，要不，吃飯也一定是十分寡味的事了。但你吃河鮮，少不得黃辣丁，我一個朋友告訴我說，黃辣丁的味道巴適在於它肉的嫩滑，一定要活魚，死了的話，就是再好的魚，也吃不出什麼感覺來的。

這樣一來，在飯桌上，當黃辣丁上來之後，我就有資格介紹了一番它的狀況了，當然這其中少不得有誇張的成分，弄得吃飯的氛圍很好。這似乎是不可思議的事，畢竟大家見到它幾乎都是在這種吃喝的場合，哪兒有人去細細追究它的來歷到底是怎麼一回事呢。在大碗喝酒之餘，還能有些段子可以下酒，這在我看來，是吃魚的妙趣之所在。

自然，成都人出來吃火鍋，黃辣丁是必點的一道菜，在黃辣丁火鍋就更不要說了。但它的吃法也有好多種，但還沒聽說做過黃辣丁百宴的飯館。跟黃辣丁相關的菜有些很有意思，比如豆腐黃辣丁，沒吃過，想著黃白相間地擺在那裏，一定是別有一番風味的了。香辣黃辣丁，是十分平常的菜，味在香辣，不過，吃來卻無法體味黃辣丁的鮮美，確是一個遺憾。

吃黃辣丁，不需技術含量，也不費事，但要吃得舒心似乎也是十分難得的事。因為一不小心它的刺也許會刺中你。魚，這東西雖然做出來不論如何都不算多難吃的物什，到底在做功上面是需要十分考究的技術。我不曾鑽研這個，當然不是不喜歡，實在是在窮鄉僻野怎麼吃都是差不了多少的，在老家，煮來吃也是別有一種的味道，鮮美不鮮美，倒不記得了，只是記起，吃了是難忘它的——這難道還不夠嗎？但清蒸似乎也無不可。畢竟是黃辣丁這東西，是要顯現其本味為要的。

據說現在的黃辣丁有養殖的和野生的，但味道如何區別，似乎很難給一個明確的定義。有家賣黃辣丁的店老闆說，野生的略黃，養殖的為青黑色；野生的體形瘦長，養殖的粗短肥大；野生的肉質細嫩，入口化渣且很入味，養殖的肉質較粗，口感較差且不入味；野生的吃起來毫無泥腥味，養殖的吃起來泥腥味較重；野生的燒煮時間很短，一般下鍋後水開即可食用，養殖的燒煮時間較長，一般下鍋水開後還得煮一段時間；野生的死後體為黃色，養殖的死後仍為青黑色。不管如何，黃辣丁都是需要在一定的水域裏生存下來，等長到一段時間，烹而食之。大概，像我這樣的吃客想到的也就是這樣而已，至於其中的奧妙，是不是環保都似乎不重要了。

說到這裏，不免想像一下，這個週末時間，是不是邀約幾個同夥，去尋一家館子，與黃辣丁來一次約會呢。

菌臨成都

五月，鮮菌登陸成都，對於好吃嘴來說，這可是一件了不得的大事，並且絕對是一場味覺的盛宴：金針菇、雙孢蘑菇、姬菇、滑菇、黃傘、茶樹菇、雞樅菌、雞腿菇、雞松茸……它們各有特色，算得上萬種風情，僅僅是這些看似樸實無華的名字，就能讓人想入非非了，更不要說去大快朵頤一回。

在北方，雖然也有菌類食物，少且不說，商店賣的又是以乾菌為主，新鮮的菌子都是稀罕之物，這大約跟氣候過於乾燥相關的吧。在成都就大不一樣了，食用菌到處都是，風味各異，喜歡怎麼吃就怎麼吃：它們可以做火鍋，也可乾炒，吃不再是單一的味覺享受，而是與大地的一次親吻。我的朋友打算在青城山的腳下開一家館子，想不起來開成啥子館子才好，川菜、中餐都不是最時髦的，是不是能吸引住食客，都是沒把握的事，想來想去，也沒最好的辦法，後來幾經猶豫選擇了菌子。細究起來，菌類的吃法最經典的至少有這麼幾種：

乾炒法，特別適應牛肝菌、乾巴菌、雞樅菌、虎掌菌等菌的烹製；滾湯法，滾湯法又叫煮湯，以喝鮮湯為主。適宜煮湯的有青頭菌、猴頭菌、北風菌、刷把菌、雞樅菌、雞油菌等；扣蒸法就是將原料整齊碼放在碗中，上蒸籠蒸熟後反扣在盤子中。適宜扣蒸的有青頭菌、猴頭菌等；生炸法其特點是油多火旺，用這種烹調方法加工的原料加熱前一般須用調味品浸漬（碼味），晾乾水氣，然後再下油鍋炸至色澤金黃或者水分收乾。適宜生炸的有雞樅菌、虎掌菌、牛肝菌、乾巴菌等；生煎法是把原料切成厚片，放在鍋中用中至小火慢慢地煎至成熟。適宜生炸的有雞樅菌、松茸、乾巴菌等。

其實，不管你怎麼吃，菌子都能吃出別樣的感覺來，特別坐在館子裏，點了菜，還沒上來，不妨先想像它們生長的樣子，就夠讓人口水滴答的了。更別說它們上桌的剎那間，猶如美女的回頭一笑，令人想入非非，也帶有一點意味在那裏。

其實，食用菌類，古人早就開始吃了，比如宋代的《菌譜》、明代的《廣菌譜》、《野菜博錄》、《群芳譜》都有食菌的記錄，而且做法也大有可觀，絲毫不比今天的餐飲大師的技術差，畢竟菌子是女皇的桂冠嘛，怎麼做都是可口的，「鮮得恨不能連舌頭吞下去」，這樣的話來形容菌子是再恰當不過。

在成都，諸如武陵山珍、茶馬古道、如意菇林、菌子軒、綠野山珍、九品峰山珍的館子特別多，食菌在飲食界就是一種流行風，讓好吃嘴也多了一種選擇。每年的春夏之交，都要流行那麼一陣子，「要吃就吃鮮的」一直是成都人的最愛，不管是菜蔬，還是魚類，菌子自然也不能例外，連從來不賣菌子的館子都要備一兩樣菌子，以免遇到挑剔的食客點菜時說：「連菌子都沒得，開什麼館子嘛？」

其實，把菌子買回家來，做菜的時候不管你怎麼搭配，都會是色彩雜陳，有些厚重感，又有些鮮味夾雜其間，先不吃菌子，就是先來一碗菌湯，也夠美美地舒服那麼一下了。對於喜歡麵食的人來說，來一碗菌味面也是不錯的選擇，總比老是一味雜醬麵或牛肉麵要更有滋味一些。那麼，在這個五月，隨著菌臨成都，是不是也該改變一下自己的胃口，讓餐桌上多一些亮色。

吃出來的節日

對大多數人而言，吃不僅僅是滿足口福之慾，也不僅僅是為了思想的交流，而是享受飲食文化的盛宴，甚至可以上升到美學的高度。這個在成都人的日常生活中表現得特別有個性。水果、時鮮小菜，甚至於野菜都能成為一個節日，這樣的節日一經舉辦，哪怕是再偏僻的小鎮，也會是人潮洶湧。無他，所謂吃喝，就是個吃喝得新鮮，喝個痛快的嘛。

對成都的飲食，有個統計資料說，成都人每兩天不到，就過一個節日，而吃的節日占其中的五分之一強。在其他城市，雖然也有類似的節日，但絕不像成都這樣搞得很隆重很正式，開始也許只是小範圍地吃，隨後人們曉得了聞風而來，在每年的固定時間裏都搞那麼一回比賽，久而久之也就成了文化，就成了節日，而且這些節日和旅遊緊密地結合在一起，成為成都鄉村旅遊的一部分，到鄉村旅遊除了看風景之外，我以為最重要的就是能吃到平時難得一見的野菜。

如果說川菜中有江湖菜、創新菜，那麼成都人的節日很多也都是最近幾年創新的，河鮮美食節、冷水魚美食節、野菜素食節、粗糧文化節、羊肉節、黃甲麻羊節……無不如此，節

日的內容大概看上去多少有些相似，但絕不雷同，即便是同類的節日也會因節而異，這不僅體現了成都人對吃的追求是完美的，也表明成都人在美食創意方面是超一流的，萬人潮動美食節的壯觀場面，時不時再鬧一些花邊，從來都是新聞中的新聞。

也許正是因為如此，在很多外地人的眼裏，成都人就是安逸地生活著，吃的舒服，各種各樣的美食不說，就是小吃也有好多種。在飲食文化上的發達，也說明成都人的味蕾特別發達，這也是催生了飲食文化的快速變化，而吃的節日正是對川西壩子上的美食的發現吧。

「如果一個成都人一年不參加個十次八次的美食節，簡直是算不上地道的成都人。」美食家向來如此的評判成都人多少是有些道理的。這是基於成都是美食的天堂，更是耍家的集散地。遠的不說，每年冬天的羊肉節就有好幾個，它們每個活動都是各具特色，所謂十里不同「羊」，一到十一月，原來賣冷啖杯的都改做了羊肉湯鍋了。更為誇張的是，成都人一天就能吃掉八千頭羊。這陣勢在每一次美食節上都能掀起新的高潮，那些成千上萬的數字就是成都人吃喝出來的。

吃不僅給城市貢獻了GDP，也拉動了成都的消費。很多人就奇怪，成都不是經濟中心，不是產業最優勢的地方，怎麼創造出了這麼多的價值？我猜想更主要的原因是成都人把吃當成了產業，當成了生活的一部分，並且時時有所創新，因而帶動了這個行業的勃興。

吃，在成都人看來，就是一種幸福，是一種享受，是一種激情，是一種慾望……在吃喝之中進行的交流，既是情感的也是詩意的，還帶有一種生活方式上的散漫與燦爛。有了節日，成都人對吃，有了更深一層的徹悟：有什麼能比吃還更重要的？平民的思想，決定了一個時代的繁華，也決定了歲月的進程中的那一點柔情。

也許正是因為這樣，吃有了更寬泛的定義，這個城市的活力才會四射，才會變得令人有種親近。要不，連飲食都變得無味的城市，生活註定不是幸福的。

冬天在燒烤

成都人幾乎對每一個生活層面都很有研究，體現了其生活的豐富性和多樣性。這樣的一種研究，創造出許多物化的東西來，其中就包括了飲食。不過，說到燒烤，雖然不是成都人的發明，卻是用得最恰倒好處的一個。

我國燒烤名菜自古就有：商朝的烤羊、周朝的牛炙、漢朝的烤肉串、晉朝的牛心炙……到宋朝，烹飪方法更加繁多，燒烤食品也更加精緻，是我國燒烤的鼎盛時期。成語「膾炙人口」中的「炙」是指燒烤的肉。大概那時的燒烤跟今天巴西、泰國的燒烤一樣流行吧。而在成都的方言中，「燒烤」意指不按規矩出牌，造成的尷尬。但燒烤在飲食是既指燒也指烤，不像北京的烤串，五花八門的菜都可以拿出來燒烤一盤：土豆、豆腐乾、老玉米、蘑菇、雞翅、海鮮、魚……如果算起來，居然有近百種之多，真可謂是別有一番風采。

說來，成都本地的燒烤經過N年的發展，早已成為小飲食中的強勢產業，不知道每年有多少根竹子要削成竹簽簽，好像也沒人計算過，吃好就成的嘛。不過，現在燒烤已湧現出一批品牌商家，比如森林、厚道、何師，以及各種掛名的樂山燒烤。除此之外，在每個小區的非重點路口都會隱藏著一個「X記燒烤」，深更半夜之時，各色晚睡的傢伙溜達到小攤邊上，就著啤酒，消磨掉夜晚的幾個鐘點確是常事，不再呼朋引伴，只為夜晚的那一瞬間：有些東西比如感覺，是不大好與人分享的。

在成都，燒烤簡直是國際美食的流行色，不管歐式，還是非式都可尋見到，本土的燒烤更是隨處可見的了，花樣更多一些。但仔細考究起來，燒烤可分「直接燒烤」和「間接燒烤」。歐式燒烤可以有燒、燜、烘、煎等多種方式，其中的「燒」屬於明火燒烤，也就是直接燒烤；而其他的幾種則是間接燒烤。這其中的學問可大有講究，哪怕一片牛肉、五花肉，要烤出不同的風味，除了想像力，還有技術在內，但這技術簡單地說就是火候，複雜了可能涉及文化差異、階層種種的。

夏天，街頭飲食除了冷啖杯可選擇，當然少不了燒烤，各種葷素菜都可以一一上來，冰凍的啤酒先拿半打過來，幾個人慢乎乎地暈著，等人的到來，這樣的吃飯常常要搞到凌晨才結束，結果常常是酒吃到憨處，非有人醉酒不可，事後回想起來，倒也是難得的夏日享受了。在冬天，這燒烤也是少不得的，冷風吹著，啤酒就跟起來個煮啤酒，烤上來的魚肉，一樣的美味可口不說，要是再來幾根烤韭菜，那就更趨於完美了吧。

青石橋的海鮮是不可不吃的。夏天相宜，冬天似乎不怎麼好，畢竟海鮮的味道比較單一，而且全部是燒，哪兒有什麼烤，亂七八糟的東西放在一個鍋裏燒，即便是再美好的東西，也有暴殄天物的感覺。吃過一次，再也不敢領教。不過，那裏的夜晚常常是美女滿街，玩到很晚，再去打望一下美女，即便海鮮不再新鮮，也都不是重要的事情了。

從一定意義上說，成都就是一個吃城。至於燒烤，那就是一種生活，是一種夜晚華麗的上演。在外地固然也可以吃到這樣的燒烤，但其味道恐怕還是大不一樣的。因而，如果你在夏天到成都玩，找不到你要找的人，他們要麼是在吃冷啖杯，要麼在吃燒烤的路上。

曖昧的辣椒

在我老家有句俗話說，一辣三分味，一鹹到十成。可見辣和鹹在菜餚中的重要。當然，這只是簡單菜餚的做法，離真正的美食還有距離。於是，我就一直認為，這辣椒是美食中不可或缺的食材。

說起來，國內最早流行的不是辣椒，而是藤椒。這藤椒又名油椒，是一種有獨特香氣和味道的植物，屬芸香科，因為它的樹型，枝條成藤型狀，峨眉山本地人給它取了個名字叫藤椒。在成都有專門的藤椒魚館子、藤椒缽缽雞，去吃的人想必是貪戀它的辣味道了。但現在更為大眾的無疑是辣椒了。

四川人嗜辣，當然是大部分川菜都是少不得麻辣，這樣似乎才夠味道一些。但辣椒是從國外傳過來的，因為有個流傳的過程，也許因此具有了浪漫的因數。在我剛到成都的某一天裏，同學帶我去吃涼粉。老闆放的辣椒過多，以至於邊吃邊感歎，而且是越吃越興奮，這簡直是一種飲食的奇觀：男女同學混雜在一起，共同對付辣椒，其味道也就多了一層妙不可言的想像，若干年後回憶起來至少是一聲感歎，更不要說，有多少男女的姻緣是由辣椒牽連的。

那時吃飯還不像現在這樣斯文，有外地來的人，主人家點菜都會問一下，吃辣的沒問題吧。以前，可不是這樣。差不多在成都待了半年，依然沒入鄉隨俗，看見辣椒不免有些害怕——儘管它辣的有味道。幾個人出去殺館子，每個人都點上自己喜歡的菜，至於辣不辣似乎都不用考慮，害得我每次回來都不免受苦連連，至今連胃都練習的強大了許多，至少是看見辣椒不再害怕了。以至於吃飯如果沒有一碟辣椒，那可真不知一餐飯是不是可口的。

也許由於辣椒的影響太大，以至於每一天都不可少。當然，它的曖昧此時也就出來了，凡與女友約會，自然少不得吃飯，若沒有辣椒做底子，平平淡淡，也就失去了一餐所具有的滋味。有辣椒在你就不用擔心接下來故事怎麼繼續下去，如果辣椒夠辣，那接下來你還要陪著她，噓辣問暖自不必說，紳士就是這樣一點點鍛煉出來的。更何況，這時你還要有種英雄主義在，讓她見識你不為人知的另一面。這好比是前戲，好壞就影響著後面的故事走向，如果沒有辣椒的鋪墊，我估計會要麻煩一點的吧。

即便是不怎麼喜歡辣椒的女子，你在約會時還可以讓她學會舌尖的纏綿，甚至於發現美食的妙趣。當然，這約會可不是簡單的事兒，要在一餐飯裏，吃出跟以往不同的境界，如此才能反襯出自己的對美食的熱愛。至於那美食是不是足夠好吃似乎都不太重要了。

我的一個朋友甚至很誇張地說，決不要跟不吃辣的男子談情說愛，這類人太會保護自己，不會產生真正深刻的愛情。她給出的理由是，愛情與辣椒，在某種程度上非常相似，愛情初現之際，一般都不是甜美的，會自卑，會煎熬，會生出猜忌與落寞，會在希望與絕望的鋼絲兩端反復徘徊，以上諸種滋味雖令人淚下，也讓人難以割捨。一句話，不吃辣的男子不能理解這樣的快意。

有了辣椒的曖昧，不管是樸素的菜，還是豪華的菜，都給生活多一些創意，至少不會是一潭死水的乏味，而這猶如登山，看到峰迴路轉，不停的變幻，每一處都是風景，那種快意也是令人稱慕的：「嗨，就是不一樣的享受。」

歲暮飯事

小孩子家最喜歡過年了，那是因為好玩好吃的東西到處都是，且不必擔心作業的問題。更何況若是一年的學習成績好，家長也會有所獎勵，無論如何都是很開心的事。在我，小時候都有這樣的期盼，因為過年的那段日子裏，家家戶戶都是喜氣洋洋的，平時不捨得吃的東西也都紛紛拿出來，讓人一次吃個夠。

大概這時最煩惱的就是父母了。過年就是給一年打個總結，好歹都得過去，且到處都是用錢的地方。若是欠了別人的錢財，無論如何要還，否則只有學楊白勞同志四處躲債去了。親戚朋友到這段時間趕趟似的辦喜事，不是娶媳婦就是嫁閨女，每家的禮都要準備到，好歹總不能讓他們說閒話的。等到了自己為人父母的時候，才曉得，這年過得可真夠艱難的。

在這個城裏生活了多年，雖然親戚沒幾家，朋友倒不少，遠近親疏的也可以劃分好些種。到了年底，自然要互相請吃飯，其實，這吃飯都不是要緊的事，無非是吃吃喝喝，總結過去的一年，有時也包含著各種各樣的目的，簡單的說，就是想在來年兄弟夥都互相扎起，有錢一起賺。吃飯更多的成為一種局，去不去參加都要有道理可說。再者說，這飯吃得都是小心翼翼，有求於人或感恩的是兩個概念。因此，更多的是一種應酬。張哥李哥的都要照顧到，就是喝酒也都少了往日的氣氛，想來，都是很沒勁的。

每每遇到這種事，想躲也是躲不了的。只好硬著頭皮去吃飯，見一大幫子的人，說一些不著四六的話，喝著不鹹不淡的酒，怎麼著都覺得有些彆扭，「幹嘛吃飯還這樣痛苦的找罪受呢」。這時候，穿著打扮也需要格外注意一下，總不可以像平時那樣不注重修飾的出去，跌份的事最好還是別做。不過，最令我趕到不快的是，回到家裏還是免不了再刨幾口飯吃，要不可就真是對肚子不住了。袁枚也曾有類似的經驗：「余嚐過一商家，上菜三撤席，點心十六道，共算食品將至四十餘種。主人自覺欣欣得意，而我散席還家，仍煮粥充饑。」

別人請了你，當然這有兩種可能，想跟你合作，或乾脆請你來扎場子。這時常讓我想起古人說的：無功不受祿。你總不能鐵公雞一樣一毛不拔吧。就得找個機會回請大家一下，時間不能拖過春節去——總讓人家惦記著還有一頓飯局是不好的事。當然，這請就是純粹的一個聚會，吃飯，喝酒，聊天，就這麼純粹的就好，但現實往往比這個要複雜的多，所以這也常常成為一種擺設，一種交際了。

不管怎麼著，歲末飯事都是這麼的不靠譜。人就是好吃懶做的動物，這在歲末表現得再明顯不過，因為大家都是這麼過的。

吃飯，在過年的一段時間裏，都是這麼——打發過去的，你想做的事也很難順利的做下去，大家都沉浸在過年的氛圍裏，喜氣洋洋。你獨自跳舞，哪怕是跳得再好，也沒人欣賞，不是欣賞不了，而是根本沒那個時間。

歲末，在我看來可以稱得上是一場災難，浪費啊。如果把那麼多的飯局分配到每個月去，也就更有意思一些的吧。可現在誰還在乎有意思沒意思呢。不知道環保主義者是不是也樂於參與這些活動，也許會參加，也可能會拒絕。其實，歲末的飯事不是檢驗環保主義者的標準，而是在日常生活之外，尋求一點什麼。但我估計這還離哲學有段距離。

文人談吃

饕餮本為人所不齒的「好吃鬼」，但蘇軾卻曾以之自居，並作《老饕賦》：「蓋聚物之夭美，以養吾之老饕。」在成都則為好吃嘴矣。但不管怎麼說，談起飲食，少不得跟文人扯上關係的。

細究起來，文人對飲食文化的貢獻特多，稍遠一點的人事，議論的也多。那我就從清朝開始吧。袁枚的《隨園食單》，不知迷了多少人。這傢伙確實很會吃，而且還能說出個許多道道來。如他所說：「有味者使之出，無味者使之入」、「煎炒宜盤，湯羹宜碗；煎炒宜鐵鍋，煨煮宜砂罐。」實在都是經驗之談。這且不說，單單是在民國年間，就有周作人、梁實秋這樣的大家寫吃。我就見過好幾個人編的《周作人談吃》，風格各異，選文也大不相同，可見每個人的口味是有差異的了。

那時的梁實秋也是寫吃的高手，但兩人對吃的研究也不相同。周作人談吃食並不像梁實秋那般標榜、張揚，他的談吃是澹定內斂、自有風味的。如果說梁實秋談的是美食家的飲食之道，那麼周作人便是學問家在談吃。在他看似漫不經心的談論與回憶中，其實也講究食物的質，注重吃的品位，處處透出一種氣定神閒的人生況味。

周作人可以作為民國時期的飲食觀察家，他的許多話，今天看來依然有意思，比如他說「我們於日用必需的東西以外，必須還有一點無用的遊戲與享樂，生活才覺得有意思。我們看夕陽，看秋河，看花，聽雨，聞香，喝不求解渴的酒，吃不求飽的點心，都是生活上必要的——雖然是無用的裝點，而且是愈精煉愈好。」

到了汪曾祺這一代，風格又有所變化。他所食、所喜的多是地方風味和民間小食，他談蘿蔔、豆腐，講韭菜花、手把肉，皆是娓娓道來，從容閒適，這才體現出美食的真味。他講過一個段子：老舍先生一天也離不開茶。在莫斯科開會，他們知道中國人愛喝茶，倒特意準備了一個熱水壺，但剛沏了一杯茶，還沒喝幾口，一轉臉，服務員就給倒了。老舍先生很憤慨地說：「他媽的！他不知道中國人喝茶是一天喝到晚的。」這不像唐魯孫的路子有股貴族氣，與王世襄、趙珩也有區別，吃，本來就是很隨意的事，如果一旦正式起來，可能就失掉了它的本色。

阿城不僅精通傳統文化，也是饕餮高手。他說，飲食男女，皆為文化。在他看來，這文化俗不可耐，卻又有許多道道可言。上海作家陳村回憶初見阿城時說，他穿著合體的中式棉襖，坐我旁邊喝酒，喝黃酒。那晚他有點興奮，頻頻與人乾杯，一杯杯喝著，非常豪爽。我問他喝沒喝過這東西，他說沒有，說像汽水一樣，好喝。我告訴他黃酒性子慢，也會坑人。阿城還是乾杯。酒後，眾人紛紛離席，阿城走得更加飄逸。走著走著，雙腿半蹲，兩手摟著柱子轉圈。阿城對飲食文化的觀察很獨到，因為這樣，他一有什麼話傳出來，都風靡一大群人。當然，像徐城北更多的是混在北京的文化圈，擔任過餐飲公司的顧問，他的書我倒看過幾冊，覺得那麼好玩的飲食在他的筆下就像八股文那般的古板，失去了趣味。

蔡瀾與沈宏非是另一種類型的高手：饞宗大師。蔡瀾的更像吃記（關於吃的記錄），看上去就是整天的吃喝玩樂，卻少了一層吃的精神，沈宏非動不動就來一段哲學，所以看多了，坦白的說，覺得有些乏味。畢竟飲食上升到哲學的高度，可能產生一種異化，那跟飲食本身就沒多大的關係了。

閒話私房菜

那天，幾個詩人不知怎麼有了興致，約著一起去吃飯，特要有情調的那種地方，那就去吃著名的小水私房菜。但因為沒有事先預定位置，只好放棄了，改去吃胖媽爛火鍋。這火鍋店足夠爛，跟串串香的場地無疑，服務態度也很爛，你要什麼菜半天才上來，要個什麼東西最好自己去拿，只是買單時他們的動作非常快。因為爛反而招致許多人的喜歡。大概這店的最早就是胖媽的私房菜，只是喜歡的人多了，才開成館子的。

私房菜，大抵都是無牌照、無跑堂、無固定菜單，惟獨廚師有手藝的小本餐飲「買賣」。至於是不是時不時偷稅漏稅那就不曉得了，也不是食客關注的重點。

「在香港平民百姓的住宅區內，有道木門忽然打開，你必須迅速閃進，門則要在巡警趕來之前關上。」港人如是描述「私房菜」。還有種說法是，一是指舉行婚禮後，待親朋好友都走了，單獨做給新人吃的那桌好菜；二是指老上海的女子專門做給丈夫或男朋友吃的菜。想來，是很私密的事情，但放開了來，讓更多的食客品嚐，也是好事一樁。

最著名的私家菜就是譚氏官府菜了。據說祖籍廣東的世家子弟譚瑑青，祖父輩都當官並好飲好食，其父譚宗浚把家鄉粵菜混合京菜變成譚家菜聲震北京。後來家道中落，譚瑑青坐食山空，便由家廚或妻妾做拿手的譚家「私房菜」幫補家計，宴設家中，每晚三席，須提前三天預訂，最盛時訂位要等一個月。

成都以前也有家著名的私家菜館子，名叫姑姑筵。店主黃敬臨對菜品的要求是精益求精，原料的講究、工序的精確完美，每一道都包含著濃重的西蜀歷史的風土人性，集粹著川粵京蘇四大菜系的精華。其店的芙蓉雞片、白水豆腐做工精細，用料考究，為川菜上品，今天幾已失傳。黃敬臨為了保證品質，起初承應四桌，後來至多兩桌。對於預訂筵席者，須三四天前親臨預訂，至於請客的是何等人物，黃敬臨都會事先過濾，非其人（認為不忠不義之人）則婉言拒絕。此後，黃敬臨必親自擬妥功能表，親臨廚房嚐味把關，親手端菜上桌。

私房菜，從淵源上來講，大抵都是無門無派，獨來獨往，卻以味道取勝，且不管是開在如何偏僻的地方，這都沒有什麼要緊的。食客總會有辦法找上門來。不過，現在的私房菜只是一個招牌，雖然還是要提前預定，開席也不過三兩桌，但吃飯時還要看老闆的心情是不是夠好，隨時有打烊的可能，但無非販賣一些與別家不一樣的食物，價格卻出奇的高，賣的就是一個心疼。

想起某次去吃私房菜的經歷來，因為有了預定，吃的應該還算很順利吧，但到了吃飯的當兒，那位置在城中心的一個小區，小區雖然很好找，但那地方是七繞八拐的一個角落裏，怎麼著都不好找，左問右問也沒找見地方，問人也沒誰曉得有這樣一家館子，還著名呢。等找到館子，連吃飯的心都沒有了。我倒覺得這樣的館子最好開在顯眼的地方為妙，至少不必為一頓飯折騰來折騰去，到最後發現味道不過如此，下一次再來，就死的心也有了，更別想其他的了。

我的手藝實在是太臭了，要不，等以後退隱山林了，也許可以整一個私家菜館來。不說養家糊口吧，就是一幫好吃嘴也有個活動的場所，所謂只賣於熟人家，不熟悉的傢伙概不接待。來的都不是客，菜做的隨意，花樣並不是很繁複的那種，我的理想是能簡化儘量簡化，簡化到極致再好不過了，不搞那麼隆重的儀式感，吃的隨意，誰高興了可以現場表演下手藝，至於手藝的好壞也就無所謂。大家吃飯圖的就是一個開心，盡興。

不過，現在的一些所謂私家菜似乎有本末倒置的嫌疑，環境固然越來越重要了，吃的內容也同樣重要的吧，但要吃出怎麼樣的一個結果來，似乎都不是怎麼理想的。何況是這完美對飲食來說，不僅是最高的要求，也是飲食文化的極致表現，是不可以雞鴨混淆在一起的。

湯或水

廣東人吃飯前似乎必來一碗飯，似乎這樣一來，飯才吃得滋潤一些。不過，如我這樣的吃飯未必喝湯的人而言，也沒有怎麼覺得不方便。固然，這樣跟食譜裏的營養飲食相背離的，於我，也沒覺得怎麼不舒服。

到底，有一份湯放在餐桌上，不管是煎蛋湯，還是酸菜粉絲湯，或素菜湯，關係並不是那麼大，其實，吃飯和喝湯總是有個先後順序，如果一起解決，似乎是並不高明的事。湯看上去有幾分美味，吃將起來，也夠好，那對於一餐飯而言，是十分舒服的事。我有個汕頭過來的同事，吃飯前必先喝湯，也不見皮膚如何光鮮，好像這樣一來，就符合飲食標準似的，偶爾她還去健身房，但最大的結果不是身體健康了，而是越來越健碩了，簡直令人不可思議。我們常常笑她，她也不在乎，照舊堅持，實在是很奇怪的事。

李漁說，湯即羹之別名也。羹之為名，雅而近古；不曰羹而曰湯者，慮人古雅其名，而即鄭重其實，似專為宴客而設者。然不知羹之為物，與飯相俱者也，有飯即應有羹，無羹則飯不能下，設羹以下飯，乃圖省儉之法，非尚奢靡之法也。但那時的湯不像今天的花樣那麼多，無非是飲食中的一道而已，算不上主菜。這有可能是因為我的偏見，要知道那時的湯跟今天的比，可能更講究技術含量一些，不搞粗製濫造這一套，是十分難得的。

名人當中也有不少愛湯如命的。清末閩浙總督左宗棠就愛喝蓴菜湯，在調任新疆軍務大臣後，他身在瀚海戈壁裏卻時不時地想念當年在杭州喝過的新鮮蓴菜湯。浙江富商胡雪岩得知左大人的心事後，用紡綢一匹，將新鮮蓴菜逐片捲平夾在裏面，並託人帶到新疆。由於保存得當，蓴菜至新疆後做成的湯羹，仍然味美如同新摘，讓左大人一快朵頤飽了口福。話說馬敘倫在北京時，曾遊中山公園並在其中的長美軒進餐，因飯店無好湯，便親自開出若干作料，並叫廚師按他所說的方法去做，烹製出來的菜湯味道鮮美至極，店老闆遂以先生之大名將其命名為「馬先生湯」。這可真是最高級的私家湯了吧。

以前，我在另一個城市生活的時候，也沒有飯前喝湯習慣，因為每一餐飯都把湯或水包括裏面了吧，無須再單獨做一份湯出來。如果單獨的做一份湯，以示湯的正式身份，這在我看來，類似於小資的矯情，談不上什麼哲學。知道分子一定覺得這很奇怪，但飲食於人而言，也是很奇怪的事，曾經我見過一個傢伙對湯過敏程度，實在是出乎意料的很。

成都人好像也是這樣，飯局是離不開湯的：老鴨湯、排骨湯、骨頭湯、鯽魚湯……不一而足，但不像廣東人那樣堅持，儘管可能是有些不可或缺的。好像我們的生活中不可或缺的東西是越來越多了，簡單生活大概還是素食主義者的一廂情願，至少從成都人的身上，看不出這些差異。因為吃喝對每個人來說，都不是簡單了事的事，如果勉強對付一下，不是因為生活態度，而是實在沒更好的辦法做得更好而已，喝湯固然是十分美好的事情，但如果沒有的話，是不是會讓生活打折扣，我覺得還是一個疑問。

北方人的生活中說起的湯，照成都的情形來看，實在是算不上湯，稱之為水似乎不錯，那湯如一面鏡子，可以照見人來。這樣的湯我吃喝了十多年，也沒有覺得有什麼不妥當，因為大家都是喝這樣的湯，若你要求多一些，大家說不定覺得你是古怪的傢伙——也許是不可理喻的。到了成都，剛見到所謂的湯，不免奇怪，那湯水裏不外是放些吃物，就變得與眾不同了：跟北方的比，也沒多少大不了的功能。其實，我想說的是，吃到底是變化萬端，也離不開它的根本性能的。

第二輯

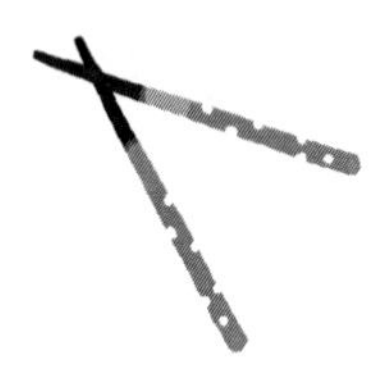

吃飯是門手藝活

啃兔頭＝打啵兒

正宗的老媽兔頭其實只在成都的雙流縣才有，要吃兔頭就得在縣城裏七繞八拐，穿過一條羊腸小徑，才能看見店子。那時只有兔頭的無限誘惑，也不管別人是這樣或那樣的目光在打量自己。一年前，看到它的店面還是在破舊的路上，就覺得這兒挺好玩的，最惹眼的是招牌上寫著「僅此一家，別無分店」，有著一股捨我其誰的味道。

老媽兔頭不做加盟我們是知道的，但沒想到它如此有趣，老媽兔頭的古風猶存由此可見一斑。每天的傍晚，各種車輛向雙流奔去，吃客們都明白一個道理，套用張愛玲的名言就是：啃兔頭，要趁早，晚了的話，不曉得要等好久才能吃上。

把車子停好，隨便找個位置，先來幾個兔頭再說。當然，兔頭需趁熱來啃，熱氣騰騰的兔頭端上來之後，不管是淑女還是紳士，平時的形象頓時被拋到了腦後，說的準確點，是「忘記了身份，拋開了顧慮」，大夥吃得是那麼熱鬧，那麼愉快，那種幸福感是外地人難以理解的。

這些兔頭鮮香的麻辣，醇厚的五香，堪稱美食中絕品。若吃的是麻辣口味，紅油汪汪，上面能看見芝麻和花椒末，已經滷得熟透，骨脫肉滑。看著它們，味蕾早已打開，拿起兔

頭，從兔唇處一掰兩半。先啃兔臉頰，肉已很爛，嘴唇一吸，舌頭一舔，一股麻辣味就到了嘴裏。這些動作需要手與牙齒與舌頭的完美配合，做到滴水不漏，方顯出啃兔頭的水準。吃完臉頰上的肉，手指一勾，兔舌頭伸了出來，咬到嘴裏，柔軟中帶著韌脆，那種安逸的感覺是無法用語詞形容的。

看著旁邊的美女優雅的吃相，不由得你想起了電影中的某些鏡頭，啃兔頭的過程就是品味美食的境界，只曉得滿腔裏的豪情此時也跑來了，啤酒瓶子不知擺了幾多，冒菜或稀飯的碟子已堆了好幾個，還不甚過癮。於是再喊上菜，當然少不了兔頭，如此的接二連三，兔頭早吃下了不知幾多。此時，真正的老饕會告訴你，以前啃兔頭不是這樣的，吃兔頭要用十三種不同的工具才能吃出它的全部滋味，至於這些工具，也沒多少人曉得和使用了。成都做兔腦殼的行業和啃兔腦殼的人群由此及彼經久不衰，甚為迅猛發達，又在和諧中進行，外地人看了這樣的場面是不免驚異的。

啃兔頭不僅是味覺的享受，有關它的各種段子在民間流傳不止。比如把吃兔頭又叫成啃兔頭，重點就在一個「啃」字，從而變成一語雙關（指的是「KISS」的動作）。這樣奇妙的詞語組合充分體現出成都人的生活態度中那種適度的幽默，使語言昇華到了能夠充分喚起感觀回憶的地步。於是乎，現在很多美眉乾脆把「吃兔頭」喊成「啃花花公子」，「再來個花花公子……」（美國雜誌《Playboy》的經典標誌為兔頭）這樣婉轉的聲音不免令旁邊的帥哥側臉看過來，這不僅增加了啃兔頭的趣味性，更有了些許喜劇效果，說不準會有一場豔遇等著。

一個「啃」字，發散開來則讓眾多飲食男女默默想起要朋友時的親密親吻，以啃兔頭時的左右開弓與欲罷不能來形容二人世界，自是啃出了萬般風情，也使無數的孽緣啃出了人生情愛的跌宕起伏。好多涉世不深的小姑娘，仗著勇敢，喜歡探險時尚，出門往往就遭在了一個誘人的「啃」字，在初嚐了「啃」的滋味後，恐怕終身也丟不開這令人渾身顫抖的情事。不過，青年男女的「啃」有股生猛的味道，如同見了兔頭就受不了美味的誘惑，狂啃不已。在筆者看來，這種與狂野性情密不可分的打啵兒是一種奉獻，一種交流，一種犧牲，一種冒險，是異性之間無法替代的粘合劑。它代替了語言，挑起了一個人的所有感觀觸角，彷彿靈魂都可以被吸走。但似乎只有成都男女才明白「啃」是如此妙絕，以至把兔腦殼變成了附屬物。啃兔腦殼與打啵兒的結合，實現了精神物質雙豐收，既形象又生動，是成都人對現代漢語的經典詮釋和一大貢獻。

老媽兔頭如今在成都大街小巷隨處看見，這些當然不是雙流老媽兔頭開的分店，至於它們的味道嘛，就各有差異了。對於吃客來說，這都不是重要的問題，關鍵是啃兔頭的過程中是不是能夠進入愉快的狀態，這與打啵兒的本質是一樣的。

一隻性感的前蹄

有些地方把蹄花叫做豬手，比如在瀋陽就有一家叫「天下第一手」的店，我曾專門跑去看了一下。既然可以把豬腳比喻成人手，當然也可以把人手比喻成豬腳。非非主義詩人楊黎就不無自豪地舉起手，誇耀：「一隻優秀的前蹄！」這一句話有段時間流行於許多老媽蹄花店。

老媽蹄花現在成都已有好多家，據說最正宗不過的是原半邊橋的老媽蹄花，幾經遷移，味道始終如一，好像長期行走江湖一般，技術含量不減當年。所以，一直是吃客如雲，連鳳凰衛視總裁劉長樂都說：「除了工作以外，我們大家到成都的另一個目的就是品嚐四川美食，一下飛機，我就帶所有人去品嚐了『老媽蹄花』……」不少明星也前來「追星」，是不是因為這個才使老媽蹄花美名遠揚？

廣東人將蹄花湯喚作「豬手湯」，到底沒有成都的「蹄花湯」有些風情萬種——說到這個詞時，一定要在「花」後稍頓，再念「湯」，才夠筋道，當那「蹄花」還未走到面前，已經從吆喝中感受其輕柔綿軟之誘惑，濃郁而又富於質感。

單單為了這一聲吆喝，就已讓許多美眉為之傾倒了。更何況這湯還有著美容嫩膚的功效，因而很多成都美女喜歡吃，這許是成都姑娘皮膚白皙的秘密也未可知。

燉蹄花湯是極需要功夫的。選料首選豬「前手」。先給「手」整容，直到看起來白白淨淨、性感非常後，入第一道水燉。這第一道水也很講究，要放花椒、八角等若干香料，加鹽適量，燒開後放入豬手，目的是去其腥味。待水開二度，加點料酒，等上幾分鐘，撈起來，用熱水再洗一次，有膚如凝脂之後，再和雪豆一起放進沙鍋裏，勾點鹽，文武雙煨。可適當地加點牛奶，或花生漿，其色更白。不過，豬蹄和雪豆的比例，各個階段的火候和時間，所用的調料和下鍋時段，不是行家裏手，絕難掌控。

原湯最後又以蔥花點綴起味，濃稠釅白的奶湯，白嫩嫩顫悠悠的蹄花，再配上蔥花的翠白新綠，但見湯靚肥而不燥，鮮而不沖，來得醇濃，看著就夠養眼的了。筷子輕輕一動，撕下一塊豐腴的皮肉，蘸了暗紅色的乾辣調料，肥而不膩，軟糯入味，似乎連舌頭也要隨著那甘美的滋味蕩漾開去，讓人不禁舉箸而動，大快朵頤。

不過，說起吃蹄花，大抵可分為豪放與婉約兩派。狂放者，雙手持之，直啃得湯汁四濺，如山東大漢，羽扇綸巾，歌「大江東去」；婉約者，以筷子小心地將之分成小塊，慢嚼細品，若江南女子，輕撫琵琶，吟「寒蟬淒切」。一樣滋味，兩種情致，卻一樣能體味蹄花帶給味蕾的快感。

蹄花的叫法有時也另類。比如海帶燉豬手叫「穿過你的黑髮的我的手」，蹄花湯裏加入黃花、木耳、番茄、豆花可稱為「雙花跳舞」。即便是紅燒豬腳，然後邊上鑲點香菜，也被稱作「走在鄉間的小路上」。而做法更是千奇百怪，紅蓮、排骨、雪豆、海帶均可加入，有的店家可做出數十種蹄花，由此可見，蹄花對市民的影響是何等的大。

有次，我跟幾個運動愛好者出去徒步行走，回來後一人要一碗蹄花湯，那種感覺是多麼的美好，以致於忘記了徒步的辛苦，當然對於減肥毫無作用的。如果說吃蹄花是一種享受，那麼能夠享受到蹄花的各種吃法就是一種絕佳的享受。好的店家能將蹄花做出十餘種風味。按詩人的說法，就是出發去吃蹄花的心情，恰似去赴一個老情人的約會。

許多人搞不清楚成都人為什麼那麼愛蹄花。卻不知成都人之所以能成為天府之國，就在於這裏的美食是無窮的。而所謂蹄花，不過是其外觀形式飛花而已，豈不知在一九一〇年的宣統時代還是稱豬蹄子，喊成蹄花不過是近年的事。

蹄花本是家中主婦在艱苦歲月裏用以慰藉家人的一道家常菜，在川渝兩地是再平常不過的了。上世紀八〇年代，誰家過年不燉蹄花呢？否則會被人嘲笑為吝嗇了。這一個命名如今是早已融入到成都市民的生活深處，成為家常小吃。只是不知道，《大長今》中的宜容雪豆蹄花湯是不是能和老媽蹄花媲美。

王家衛說，不知道從什麼時候開始，在每個東西上面都有一個日子，秋刀魚會過期，肉罐頭會過期，連保鮮紙都會過期。但蹄花湯不會過期，哪怕是在深夜，路過陝西街，也會有成群的人坐在老媽蹄花店外，期待於蹄花的一朝一期的約會。

老成都的美食風情

一說到成都，人們總是先聯想到茶館多，殊不知成都的火鍋店比茶館還要多，鼎盛時曾達數千家，大街小巷裏都是。而在眾多的火鍋中，皇城老媽火鍋更負盛名。三國時，劉備在成都市區建造了規模宏大的皇城。沒想到一千多年後一個老婦在皇城根邊上開起了火鍋店。據說，火鍋這玩意兒是淒苦的川江縴夫創造的，如今卻像《三國演義》一樣紅火：蜀中一片燙，鍋中翻紅浪，這是何等的氣概啊！

千萬別以為老媽就是那家胖媽，有點背時土氣，這家火鍋店可真是全成都最雅致的，它的連鎖店也選在琴台之上。許多「海龜」一下飛機就指明要到二環路邊上的「老媽」去，在他們看來，到成都不吃火鍋還真不知道美食的滋味。

首先是那外型就能把人給鎮住，火鍋店獨佔了整棟大廈，外表酷得要命，一整面牆做成川西民居的雕塑，左邊是漢闕的雕塑，右邊是萬家燈火，大廈柱子的鋼筋故意外露。進入裏面，裝修是完全的現代派。一、二、三樓都是餐廳，頂樓是茶館。一樓有一個自助火鍋廳，是日式的那種回轉式的，還有民謠吉他歌手在唱英文歌，有時是川劇表演，很有情調。頂樓搞了個茶館，有一個透明的天井，逢週三、周日還放懷舊的黑白電影，有興趣的話可以到茶館二層要求放映文革時的紀錄片。這火鍋城分明就是建築傑作、文化展覽館。

這裏的三樓是家獨特的岷川廳，最令人滿意的是這裏的植物是隨著四季的變化而變化，而另一邊則是四川地區一百部家譜中關於四川人來源的記載，你也可以來找找你的來源。如果鄉情一點，當去皇城壩，那邊廂的裝飾上再現皇城壩的街景及民間節氣。但如果你喜歡老成都的民間文藝最好去可園，這邊廂除川劇折子戲、絕活、曲藝外，更有她獨創的民樂、歌舞，絕對獨步成都火鍋界。而我要向你推薦的是少室，不消說，這邊廂是年輕人的天堂，在牆面上你會發現一些流行歌曲的圖畫，令人想入某些故事裏去，在靠裏的牆上是一群各個年代的年輕人照片，看上去夠爽。壁上的塗鴉更是有趣，如「打夥入股」、「下課」、「雄起」、「丟翻」……這樣的詞句和畫面到處都是，令人感慨這就是成都第一的火鍋吧。

當三十多種原料和香料經長時間精製而成的紅湯鍋熱氣騰騰地擺在面前，當魚片、鴨腸、新鮮菜蔬……眾人坐下，先要了酒來，將桌面擺得像熱鬧的川劇舞臺，多少生命的豪情就在這麻辣鮮香中發揮得淋漓盡致。

古語曰：川人尚樂，圖安逸、好美食。想想，在成都這個餐飲名城，能將一家火鍋店做到如此高雅的地步，恐怕任誰都無法擋不得她的誘惑吧。

事實上，成都的美食多少是有些來歷的。如「姑姑筵」是上世紀初黃敬臨開的，黃是川菜大師，曾為官，後下海，黃老設計的菜餚，選材嚴格，以高質量、高品位出之，且席有定數，每天出席三兩桌，最多不過四桌，要提前幾天預定，同時他還掌握了食客的脾胃、投其所好。因之，生意奇好。這樣的館子還有好幾家，可惜這種風格的館子在今天越來越少見了。

現在，要品嚐正宗的川菜的滋味，大約只有在公館菜、欽善齋這樣的老地方去了。好在成都人在創新川菜的同時，還沒有丟掉那些老傳統多少也是川菜的幸事了。

從冷啖杯的偏旁進入成都

夏天一到，成都的大街小巷，可謂是有人煙處，就有冷啖杯，只見街的邊邊角角擺起了一個個攤攤，旁邊是一個醒目的燈廂，上寫著「冷啖杯」三個字。這「冷啖杯」源於那句俗語「說得鬧熱，吃得淡白」。在成都，每天不吃一盤冷啖杯，好似對不起這一天似的，所以，有冷啖杯的地方，常常是最鬧熱的，可以一直擺到通宵，好像第二天不用上班，其實，吃過了，回家睡起才舒坦，要不，一定心欠欠的過一夜，那才叫煎熬呢。

吃冷啖杯，吃得不是味道，也不是吃一種文化，而是鬧熱，週末喝五吆六，朋友聚會，少不得是冷啖杯，去紅杏，去皇城老媽吃，固然味道好，但少了一些大眾的狂歡。離家不到五百米就有冷啖杯，方便大家聚會，先坐下來的人，把啤酒喊起，把毛豆、煮花生叫上，先慢慢地喝將起來，不算不禮貌的。朋友來了就說：「沒等你哈，來滿起滿起……」於是蹺起二郎腿，喊老闆把鹵菜諸如豬蹄、豬舌、豬腰、豬肚、豬耳朵、豬尾巴、牛肉、牛筋、雞鴨鵝兔，根據各人喜好來一份，涼菜的花色品種也不下十種，有涼拌黃瓜、苦瓜、豆芽、豆腐乾、「虎皮海椒」、鹽水胡豆，也都可以考慮一下。等到人到齊後，就喊一聲：「老闆，來

一件老雪花！」然後邊吃邊聊，不服輸的，或上次喝酒沒完結的，就開始喝了起來。隨後，又喊「小妹，開酒！」這時少不了把燒烤也喊上來。喝著喝著就有人開始打電話、接電話，熟識的人打個車就跑過來了，桌子加起，酒杯擺起，進入新一輪的高潮，這就像馬雅可夫斯基說的那樣：宴席連著宴席。這時，地上是瓶桌上是酒，冰冰凍凍，豪飲下肚，那「爽」是從背心開始直抵丹田。

不豪爽的人此時把酒杯扣下，說，我再也不能喝了，但大家一個勁地吃喝，他也把持不住，索性破一回戒，把酒杯滿起，然後打一圈，這樣才覺得有些過癮。有人臉紅了就大聲說話，有人喝醉了就放聲唱歌，可以手舞足蹈可以拍桌叫好，可以划拳可以對吵，一切在酒中化解。

這樣的場面看似很亂，卻透著夏天的清涼，因為不是朋友，哪兒有閒時間坐在一起沖殼子，吃冷啖杯。更不要說，大夥在一起越吃越高興了。如果遇到世界盃或頂級球賽，大聲武氣地跟倒別人吶喊，那場面可謂是地動山搖。車輻在《錦城舊事》中說，新南門一帶早在上世紀二三十年代就流行吃冷啖杯聽琵琶小調時的情況，想必跟今天看球賽的狀況無異了。

在喝酒的間隙，菜是一盤盤地端上來，偶爾來點燒烤，老闆瞅著這邊如此熱鬧，也忍不住過來喝一杯，如果喝得高興，他準會來一句：今天大家盡情喝，免單了。不是他豪氣，實在是個愛耍的人，說不定這一來成了朋友，吃冷啖杯還得少嗎？弄得大家有些不好意思，把酒滿起，大家似乎都忘記了剛才說的話，就使勁喝吧。

如此吃來喝去，一晚上大多花個幾十百把塊錢，又都整得很舒服。然後醉的高歌而去，看美女如雲，街燈如此迷人，原來上有天堂，哪兒又比得上成都的安逸；興致好的，又有朋友約就轉換場地，繼續夏天的約會。米蘭・昆德拉說，我的生活，就是從一個酒杯到另一個酒杯，不曉得布拉格是不是跟成都一樣有那麼多的冷啖杯攤攤。如此的一晚，就輕易打發掉了。

夏天的成都人，都變成了啤酒主義者，所以外地的啤酒廠紛紛來成都攻城掠地，成都人對外來啤酒也不拒絕，難得有個外來啤酒廠折本關門的。這也有力地證明了成都人對於飲食的精道和吃喝玩樂的重視，是全國少有的。

吃冷啖杯，吃得是豪爽，吃得是熱鬧。一如成都人那樣自戀地熱愛著各自的生活，把日子過成段子還不算完，還要在冷啖杯中吃出普世的情感來，著實不易。但成都人不管那些，有酒，有冷啖杯，再熱的天氣也算不了什麼了。

舌尖上的纏繞

成都人愛吃、會吃是出了名的。比如樂山缽缽雞、重慶火鍋，一到成都，就改了良，並且美名傳揚。火鍋就不說了，單單一個缽缽雞，在成都，不少店店已經做成了連鎖，就差沒有產業化了，這種氣勢是其他地方的美食無法相比的。

正宗的樂山缽缽雞，湯是雞湯，花椒用峨邊的藤椒味道最好。半盆晾涼的雞湯，先調入紅油辣椒，再用精鹽、白糖、味精定味，淋入少許香油，然後撒入花椒麵、熟芝麻即成麻辣味汁。那時，缽缽雞也叫盆盆雞，是「消閒食品」，因用瓦盆盛雞，頭頂或手端走售而得名。每日午後出，沿街叫賣。

到了今天，就不是這樣的了，缽缽雞成了家常便菜，成都最早的一家缽缽雞開在玉林，後來，迅速更新換代成冷鍋串串，不但賣雞，時鮮小菜也可燙來吃，吸引著上班族，午飯找不到好吃的，且去冷鍋串串一盤。

這串串與串串香相類似，又不盡相同：根據各人的喜好先點了菜，然後交給專人，拿到廚房去燙，熟了再用土陶制的盆盆端將出來，幾個人分而食之，油碟不甚麻辣，就用乾碟代之，只見一碟的海椒，上面放了精鹽、味精，以及肉末，就那樣把菜直接蘸了吃，那味道才叫爽，相比之下，串串香就是恰似那一片溫柔了。不過，在結賬時還可以粗聲粗氣地大吼：「老闆，數簽簽！」實際上，幾大把簽簽數下來，服務員的手都數得有點爪了，也不過三幾十塊錢。

以前喜歡吃串串香，但那喝酒的氛圍只適合來二兩泡酒，很是不能痛快。後來就改成了去吃這冷鍋串串。菜品儘管是大同小異，但味道卻是大不一樣，約上三四好友去吃，常常是酒喝得多，菜吃得多，話也就特別多，有時不豪氣的人也會豪氣起來，「再來幾瓶啤酒，勇闖天涯。」「老闆，再上些菜來，順便再來幾瓶啤酒，還是剛才的酒。」老闆早笑嘻了，閃到一邊去了，服務員就把這些事情擺平了，凍與不凍的啤酒，哪桌要多少，這樣的問題對於數學不好如我的人來說，一定是麻煩事。但服務員就做到一分不差，實在是高。以至於老闆要打烊了，還在吃喝個不休。

這樣的經驗，對不少食客來說，是值得回憶的一件樂事。比如在瑞升北街的零零冷鍋串串，一到晚上七八點鐘，常常是一條巷子望過去，擺滿了桌子，人聲嘈雜，那陣勢，好嚇人，去的晚了一會，就沒得位置，你看著別人喝酒、吆喝，而不能廁身其中，實在是有些技癢的感覺，若不迅速占一個位置，怕是一晚上都不得好安逸了。

吃串串，當然主要在於吃喝，但也會偶爾出來打望一眼，看粉子的多少，就可知一家串串店的魅力幾何。不過，若細心留意一下，你準會發現一些青年男女，一對對的攙雜其間，他們不是在向人們證明他們之間的關係，而是借這個機會，考驗對方的關心程度，味道的好壞似乎都不在重要了，那吃法是大有講究，但一定要吃出激情，要不，接下來準沒戲。到底這場面，也適合兩人的一些些曖昧，只要足夠麻辣，猶如那一樹纏繞，主次分明，多少是有些收穫的。

不過，現在街道要規整，不允許串串的攤攤擺到街沿上，在我看來，這多少是很遺憾的事。因為這樣以來，哪怕是再美味的東西也會失去了本來的調調，許多鬼飲食就是這樣消失不見的。幾個人在房間裏吃冷鍋串串，好像怎麼都無法伸展，所謂英雄無用武之地是也。即便是再大聲武氣，多少也顯得有些假眉假眼的了。

在快意中演繹激情

在吃上面，可以說是最能體驗一個地區的特色，比如上海人是很講圈層和階層的，而且要吃得越偏門越有面子。廣東人要吃得稀奇古怪，好像是沒有不可以吃的，而成都人吃得比較溫潤，比較純真感，比較……總之，還沒有一個城市，像成都人這樣在快意中演繹激情，在激情中吃出幸福。吃講究的是風格，也是味道，但在今天吃文化變得越來越世俗，以至於談起美食，都是那種大路貨，精緻而美的食物越來越少見了。但這仍然掩飾不了美食的誘惑的。

為此，我們在成都人的味覺中遊蕩，發現成都人隱藏的秘密。原本，成都人對美食的熱愛，不是簡單地定義為對生活的熱愛，也不能簡單地歸納為享受生活。那又是什麼？

且看這些飲食的丰采：串串，風靡數年，至今不衰；乾鍋，各具特色，獨佔江湖；火鍋，天下風流，最具魅力；冷啖杯，清涼一夏，絕不可少；冷鍋魚，季節變換，不可擋其魅力；蹄花，少而精細，絕代絕倫；兔頭，啃出激情，打敗時間；至於川菜這個千面佳人，那就更不用說了，那簡直是「有村落處有高陽，有水井處有金庸，有人群處有川菜」也。

儘管我基本上沒怎麼去過那些以美食著稱的城市，但從各種文字中早就品過了那些所謂的盛宴，說不上有什麼夠喜歡的，儘管它們看上去很有個性，也很有令人產生些許食慾的可能，但對我來說，想像中的美食也許更有味道一些，生怕一吃到就俗了去。你不能說這是我對美食的偏見，畢竟在各種美食中尋尋覓覓，我多少也是有一些些經驗的，也許它可能不夠政治正確。

在這個消費主義至上的城市，美食一條街就有很多條，不管是高尚的高檔飯館，還是低俗的蒼蠅館子都能做到連鎖，就看那些飲食是不是夠味，做的到，開遍成都，也絕不是奢望。

如果你留意，在成都的一個不完全的美食榜單中，我們不僅能注意到美食之所以成為流行的食尚，更是在美食的流行之上有一個不變的法則，那就是能給食客提供多種的可能和選擇，哪怕是一碗平淡的麵條、米飯，也變化出不同的花樣來，這才顯示出飲食文化的豐富吧。這就如同開水白菜，最簡單，也是最為不易的原因所在。

美食榜單，給人們提供的不僅是飲食之道，也有著對未來的美好生活想像。有一個理由就像一位名人說的那樣：「愛上成都的美食，是一種流行的病毒，且是快意的。」因之，外地人不管來沒來過成都，都有一個印象：成都的美食甲天下，到成都不品嚐美食，你就是沒來成都一樣。

不過，這在我看來，是不能作為評價一個地區的飲食文化的優劣，惟一的區別是個人喜好而已。好在我們不必計較這些所謂的理由，反正喜好就好，吃得開心就好，對飲食哪兒有那麼多的吃喝講究。

這不單單是說，成都的美食夠品夠風格，更不是說只有在成都才能享受到那麼好的食物。我的意思是說，只有在成都才能吃出美食真正的味道來，那可能不是食物的本色，而是有了些許的變化。這味道說來是相當簡單的，但要吃出感覺絕對是需要環境的綜合統籌、激情的出演，甚至於由美食產生的種種聯想，而這就如同一場豔遇，令人驚奇。

有句話說得好：「我一個人無法改變世界，但我能改變一個人的世界。」呵呵，那就是我們把自己變成好吃嘴，在美食之間悠遊吧。

以傳奇的名義美食

回鍋肉　好吃要人命

吃川菜，如果不來一盤回鍋肉，那簡直不叫吃飯。因為連克林頓的御廚派力茲都來學炒回鍋肉了呢。

回鍋肉，儘管在各個餐館吃得上，但炒的好壞很容易分辨出來。所以，不少老食客去一家新餐館，必點回鍋肉，就是看看師傅的手藝如何，而且隨著季節的不同，配菜也各異，形成不同的風味：連山回鍋肉、乾豇豆回鍋肉、紅椒回鍋肉、蕨菜回鍋肉……

其實，做回鍋肉很簡單的，關鍵在精細二字，越簡單的，就要越用心的嘛。它是將炒、爆、煸、炸四法融為一體，使烹製的菜具有由四法而得的風味特點。若說起來，這其中的學問還真不少，比如選肉、刀法、火候等等都需一番功夫，任何一個環節都不能少的。

文人雅士自古對回鍋肉的讚頌更是少不了，成都美食家石光華說，「如能有一天，那種叫人食之稱奇、回味叫絕的回鍋肉再成為人們餐中常菜，我生雖短，何悲有之？」還有一段趣聞是，酷好美食的車輻在困難時期曾將郭沫若寄他的三封信賣給市文化局，獲得三百元，於是吃上了幾頓「回鍋肉」，謂之「出賣郭老」，這也成了川菜中的一段佳話了。

不過，現在就連外地的川菜館子也都必備回鍋肉，儼然川菜的代表作，那是「四川第一肉」，好吃要人命。

怪味兔頭　痛並快樂著

美食界有一句新民謠：「成都一大怪，兔頭炒來賣。」其實，最初兔頭的地位也類似肺片一樣的邊角料，常常用小鍋煮著沿街叫賣，幾毛錢一個。後來隨著鴨脖子雞爪子一類食物的風行，它的地位也慢慢提高，如今兔頭的做法和吃法已經上升到理論的高度，成為新的美食標杆。

且說在二〇〇五年的西博會的一場號稱具有「川菜知識產權保護意識」的菜品拍賣會上，大唐人餐飲有限公司的怪味兔頭竟喊出了一千八百萬元的天價。大眾才曉得兔頭除了麻辣的、五香、生炒的、醬拌的之外，還有一種怪味兔頭，於是就風靡全成都，近年來居然還空運到上海、北京，老饕們「吃兔頭的心理過程是典型的痛並快樂著，人有時候果然為了美味會情難自禁」，這樣一來，怪味兔頭不流行也不成。

不過，現在成都啃兔頭的地方不少，特別是吃冷啖杯的時候，是少不得兔頭的，這就像我們的生活之中無法缺乏激情一樣。那天，我跟詩人聶作平、印子君去雙流辦事，專門去啃了兔頭，味道之巴適是出乎意料的，儘管那地方很狹小，卻吸引了無數的食客，人是一撥撥的去，正如一盆盆的兔頭被幹掉。

鴨舌 最是那一點溫柔

鴨子全身都是寶，隨便拋一樣出來，都是美食。鴨腳桿早就是好吃嘴的愛物，鴨舌雖然近年才流行起來，卻是很得好吃嘴的喜愛，不少店店都賣得有鴨舌，不管味道如何，都是人爆滿，有的更是排著隊買，無他，只愛鴨舌的那一點點溫柔，讓人想起某些故事中的浪漫。

鴨舌可謂短小精悍，要肉實在是沒什麼肉可言，骨頭倒是有一些，只不過是酥軟的了。也許正是它的少而精才成就了它的英名。更何況吃鴨舌不需要什麼技術含量，沒有啃兔腦殼那麼多的玄妙，但也需要激情四射，如此，吃就不是最重要的了，而是上升到一種情感的表達。

鴨舌，在夏天是吃冷啖杯的最好下酒菜；到了冬天，熱炒也獨具風味。這兩種均適合大快朵頤，要是慢慢品味的話，也有獨特的感悟，自然吸引著不少食客的眼球。

來一碗豆腐腦

在北方生活過的人，一定還記得每天早上或者傍晚，就會有一個賣豆腐腦的小攤在街角出現，也不見老闆怎麼吆喝，人卻約好似的，到點了自動奔來，來吃豆腐腦的大都是附近的熟人了，自然不必吆喝。這豆腐腦是由黃豆漿，過濾去渣燒開，倒入放有一定比例石膏水的缸內輕輕攪拌，逐漸形成的。食用時，另加入一些鮮湯，再加上饊子、牛肉等佐料即成豆腐腦，要是想吃辣一點的，老闆就會放一小勺辣椒面，那味道總讓人覺得怪怪的，又說不出一個所以然來。

在我上中學時，因為住校，早餐經常是豆腐腦加燒餅就混過去了，反正又不貴，一元錢就可打發。那豆腐腦的味道實在是不敢恭維的，只能說僅能充饑而已，不過，在冬天的早晨來一碗豆腐腦還算不錯的。吃了差不多三年，好像日常生活的一種了，其實是許多不得已罷了。

有次，我到合肥去玩，因為頭天酒喝多了點，早上就沒有食慾，朋友推薦的早餐是豆腐腦，說是當地的名小吃，去晚了就沒得位置。於是，起了個大早，趕過去，果然人不少，位置都沒有了。朋友先喊了兩碗豆腐腦，我就緊張地盯著空位的出現，功夫不負有心人，終於在豆腐腦端過來時，覓得兩個座位，朋友就介紹它的特色。人聲嘈雜，聽也聽不清楚，我只一個勁地點頭。到底味道如何，在我吃來，只能算將就吧，要說好實在也算不上。我想只是因為這附近吃飯的地方少，因此到這裏吃的人多了，才使它有名氣的吧，也可見北方的早餐沒有南方的豐富，要不，怎麼也不會出現這樣的情景的吧。

在我吃豆腐腦的經驗中，值得說一說的，實在乏善可陳，總覺得那豆腐腦中缺少了點什麼，想一下，又想不起來到底缺少什麼，只是覺得它距離自己遠了點罷了。成都好像也沒有好吃的豆腐腦店，想來，這是因為米線、肥腸粉之類的比豆腐腦更有魅力之故的吧。

最近一次食用豆腐腦是，前不久，與幾個朋友去峨眉山玩。一大早在峨眉市區的街道上找吃的，先是去品嚐手工抄手，不想去到後發現，抄手店已關門多時了。後來數人步行穿越了一些街道，找到文廟街旁邊的朱記豆腐腦，這是家當地的名小吃，據說，開了已經有二十多年的歷史了，風味依然。豆腐腦三塊五一碗，可謂價格低廉，現在說是漲到四元了，大概這也是抵擋不了食客的胃，畢竟對食客來說，所謂吃飯除了追逐食物的地道之外，就是品嚐它的獨特了，缺失了這個，美食也將不再是美食的。朋友說，在峨眉打車的話，你只消說到豆腐腦店，全城的人都知道，我們試了下，果然此言不虛，可見其名氣之大。

這裏的豆腐腦是將一小撮發脹的薯粉撈入竹製漏勺，放入沸水中燙一下撈起，放入配有味精、雞精、白醬油、紅醬油、紅油辣椒、花椒末、生薑末、芽菜末、榨菜丁、芝麻油等十多調味料的碗中，再把煮沸的豆腐腦盛在碗裏。只放蔥花、芹菜葉、油酥黃豆、油炸花仁的是素豆腐腦；若加一勺用鹵油、辣椒、花椒、胡椒、生薑、孜然、郫縣豆瓣、八角、三奈、茴香、冰糖、精鹽熬製的牛肉湯汁就是牛肉豆腐腦。味道之好是不用說的了，先來碗牛肉豆腐腦和一個鍋魁，吃得那個過癮，但是意猶未盡，就各來一碗素豆腐腦，居然又是別有風味。也許這才是豆腐腦的正宗吧，以前所吃的不過是有其名而無其實的拼盤罷了，何足道哉。

年下的吃食

「北風那個吹，雪花那個飄」，天是灰濛濛的，這就預示著年要來了。在北方，年是從臘八開始的。我猜想是從這一天就開始預備年貨的，因為這時的街市上開始賣對聯，而吃食是到臘月二十幾才開始置辦。此時，也差不多到放寒假的時間了，小時的我就跟著大人到街市上去，在他們買東西時，總會買些油條什麼的吃，因為一逛街差不多都是大半天時間。過年的吃食不是太豐富，卻有鄉村的韻味。小孩盼望過年當然是盼望有好吃的好玩的，對平時很難沾油腥的孩子來說，簡直是一場盛宴了。

不過，我以為過年是從臘月二十四祭灶開始的。在我老家皖北，這一天是要把過年預備的雞殺掉的，然後洗乾淨，掛在通風處晾起，到了炸發肉、炸魚時就一同炸了。在春節前這是最後一次殺雞，稱為殺獻灶雞。以前，我以為這一天是雞灶，是殺雞的日子，哪料想是灶王爺去天庭彙報工作的日子呢。不過，祭灶在不同的地方不是同一天的，因有俗諺云「官三民四船家五」。可見，祭灶也是有許多講究的。

接著，有的人家開始殺年豬，那是因為生子、發財而還願的吧。一般人家是不大殺年豬的，畢竟一頭豬值不少錢，賣了的話可以過個不錯的年。魚呀肉呀的此時差不多也就買了回來，宰好洗淨用麻繩串起，掛在屋簷下，不像四川人掛的是臘肉香腸。

皖北主產小麥，因而過年以麵食為主，炸饊子、圓子是必不可少的。頭一天晚上就要把麵和好，夜裏要翻兩三次，第二天上午就可以盤饊條了，先是把麵團放在麵板上搓成長條，再盤在一個大盆裏，盤了一層上一層油。中午做完這些就開始劈柴，我以前常做這樣的活路，且是樂此不疲。等到下午就開始炸饊子，小孩子是不能在旁邊吃或要水喝的，常常被哄到門外玩去。有次做著我說去喝茶，結果被大人臭罵了一頓，據說喝茶會把油喝跑的。等把饊子炸完，已是天晚了，就接著炸圓子——過年來客時，它可以做一個配菜。圓子一般是肉圓子，以前還炸黃豆圓子，如果不小心，它會蹦出鍋來。燒火的人這時就會遠遠地躲到旁邊去，等柴不多時再添一把。如此忙了一下午，晚飯就吃饊子或圓子，再喝點開水什麼的就簡單地對付過去。

肉、魚、雞差不多都是在同一天炸出來的。肉是先煮好的，再用蜂蜜或醬油塗抹一遍，放在油鍋裏炸一下，顏色是不能太老的。臘月二十五前後，各家各戶都會不約而同地響起「砰砰」的聲音，就知道誰家在炸肉皮了。等炸完肉，再炸發肉、魚、雞。晚餐啃骨頭，或吃炸出的魚或雞塊。算來，也是一年之中難得的美味了。等這些做完等一兩天就過年了。

年三十的早飯很簡單。一吃完早飯，就開始貼春聯。午飯則是誰家吃得早，誰家就有好收成。有時是這家剛吃完早飯那家勤快的就放起了吃午飯的炮仗，那種爭先恐後的勁在平時是沒有的。這天的午飯是一鍋雜燴，把白菜、粉條、白豆腐、油炸豆腐、肉丸子等放在一起，再加上薑、蔥、香菜以及其他佐料熬成一大鍋。吃時，一人一碗，或配蒸饃。午飯做得多，吃不完，就預示著年年有餘。吃完午飯就開始包水餃。一到下午，村莊就響起一片「劈劈啪啪」剁餡的聲音，是過年最歡快的組曲。餃子的包法也有講究，有的放糖，用意是吃了新年日子甜美；有的放花生，用意是吃了人可長壽；有的在一隻餃子中放一枚硬幣，用意是誰吃到了就「財運亨通」。等水餃做好已是黃昏，晚飯是一家人喝酒娛樂，廚房裏炒瓜子或花生。守歲時就吃花生、聊天，我們不稱為守歲而說成熬棉襖。對鄉村的孩子來說，有個新棉襖也是了不得的大事。

年三十的下午，我爺爺就開始睡覺，等到晚上就來了精神，拿起戲劇的唱本，給我們唱一段，昂揚頓挫的聲調很是溫馨。我們終於熬不住了睡去，忽然聽得炮仗的聲音，是初一了。爺爺成了村裏第一個起床的人，我一跳起來下床穿衣，爺爺已經結束了祭禮。早飯是水餃和麵條同煮，叫「銀線吊葫蘆」或「金絲穿元寶」。如只吃素餃子，是說「待要富，年過五更吃頓素」。這一頓早飯，是一年當中最重要的一餐。

等到天亮，就穿新衣戴新帽滿村跑，是為拜年。各家各戶都把大門打開，小孩子一波波地來去，誰家有好吃的，甚至去跑幾趟都有可能。比如我家的鄰居做的一種麻糖十分好吃，每年都去好幾次才甘休。到了中午，差不多口袋裏都裝上瓜子、花生、糖什麼的，可謂滿載而歸。下午是不能去拜年的，傳說下午拜年是給狗拜年，我至今也沒搞明白是怎麼回事。

初二到十五差不多都是走親訪友的時間。這與各地是差不多的了。等過了十五，年就算跑遠了。

吃飯這門手藝活

對於不少人來說，飲食總是最重大的事情，斷斷忽略不得的。老夫子講「飲食男女，人之大欲存焉。」似意猶未盡，就又解釋了一句：「食色性也。」可見，飲食對我們是多麼的重要。

對現代人而言，吃飯簡直是掛羊頭賣狗肉的事。單純地吃一次飯，大概是很奢侈的了。無他，畢竟我們的生活充滿了誘惑或應酬，快節奏不僅是時代的必然，似乎也成了飲食的特色，速食的流行就是最好的說明了。不過，還有守舊的保護主義者會說，吃是一種文化。我們當然不能否認吃是一種文化。但這文化現在也都飄渺了吧。吃飯到底是吃什麼、跟誰一起吃，比吃本身更為重要的。一位潮人說，喝酒可以亂七八糟地喝，但吃飯還是正經一點的好。畢竟影響食慾到底於吃飯是很糟糕的事情。

對於飲食不太精通的我，這些年多少還是有些值得一說的事，比如近年來，吃飯倒真成了藝術似的，談吃飯的書簡直是無花八門不說，連內容都有些許驚世駭人，好像預示著吃飯正在步入後現代主義似的：千奇百怪的菜名層出不窮，各種名堂的餐館——出現，如果把這許多編成一部書的話，大概也是一部奇書的。這在我看來，正是美食在社會進步中，對社會上的某些現象的精準投影。

英國作家扶霞．鄧洛普說：「如今的川菜已變得很時髦，它能夠帶給人們許多驚喜。」不但川菜如此，其他菜系的美食也都能帶來許多的驚喜。

老實說，吃飯這門手藝活，也真夠令人眼花繚亂的。

食家的風貌

《唐魯孫談吃》（唐魯孫著，廣西師範大學出版社，二〇〇七年一月）

唐魯孫老先生不但嗜吃會吃，也能吃，不管是大餐廳的華筵殘炙，還是夜市路旁攤的小吃，還是一盤不起眼的小菜，他都能品出其精華食出其精髓來，更能把這些經驗傳於筆下，不僅可見食家們的風貌，更能令我輩感歎不已的是，原來吃還可以如此。另外值得一提的是，因他是珍妃的侄孫，家底足夠好，所以談起吃來，不僅是能吃得出精彩，即便是體驗也足夠多樣化，這樣的特色對今天的食家而言，簡直是不可想像的事（沒有那個條件到處吃喝）。好在我們不能體驗這些美食的時候，還有這許多璀璨的文字可以慢慢地欣賞，如果樂意的話，還可以跟著他去品嚐，也是很不錯的享受了吧。大不了晚上夢一回與老先生在飲食店一邊大快朵頤，一邊講述前朝舊事，忽地醒來微覺遺憾不已的罷了。

《食家列傳》（朱振藩著，嶽麓書社二〇〇六年一月）

朱振藩是臺灣著名飲食專欄作家，談吃亦花樣百出，談中國歷代的食家與名廚的故事，超越時空的生鮮絕活，關於舌尖與美味的恩怨，關於食材與料理的情仇，的確是令人大開眼界。他說袁枚寫的魚翅，與梁章鉅所著墨的魚翅大不相同，袁是今日粵人煮翅之法，梁乃當下江浙菜燒翅之法，此二者均有妙品，不可一概而論。畢竟中華地大吃法亦各有千秋，不過因各人的胃口來說罷了。看看食家的飲食精神，對美食是情有獨鍾，實在是比我們高妙了許多，因此我們大概只能算是食客的吧。從某一種程度上來說，朱振藩有為食家們繼絕學之想，在斑斕的飲食中尋一個飲食傳統文化的脈絡出來，而這在我看來，卻也不那麼容易的事，畢竟飲食文化博大精深，不浸潤其間，怎可得出精華？不過，從食家那裏看今日的流行菜式，倒也別有一番的風味，至少能讓我們看出些許變遷來。

美食的地圖

《巴黎，一席浮動的的豪宴》（蘇珊・羅德里格・亨特著，梁歸智、梁相如譯，三聯書店二〇〇四年一月）

一九〇八年的秋天，一群自以為不凡的作家和畫家，棲身在巴黎一座叫洗衣船舶的搖搖欲墜的公寓樓裏。這群自稱為文藝先鋒的人搞了一次幾近瞎搞的聚餐，菜餚包括巴倫西亞風味海鮮飯、果餡蛋撻和五十瓶西班牙紅葡萄酒。當然當然，它第一次從食譜的角度切入二十世紀二十年代的巴黎社交圈，讓那些赫赫有名的藝術大師對著一道道美味的法式大餐，現身說法，如此就成就了一部色香味俱全的文化斷代史。蔚為大觀的是，這簡直就是一場美食所創造的文化奇跡，還能跟隨著他們一起享受這場豪宴。同時它還應和了如今閱讀的幾個流行風尚——美食、旅遊、先鋒藝術……當然，這些只能是再現那個時代的某些風流餘韻，至於令人嚮往的法國美食在今天多少也是一樣的風雲變幻，與這份功能表更為遙遠，並且只能增加我們對法國美食的念想。

《大眾川菜》（劉建成、楊鏡吾等著，四川科學技術出版社一九八四年一月）

不吃川菜，對我而言，飲食就少了一份魅力在。對更多的熱愛美食的人來說，川菜的誘惑力是無法抵抗的，特別是大眾川菜，更是如此的了，一盤回鍋肉，讓多少人為之抒情，「好吃要人命」。一碟洗澡泡菜，讓多少人為之傾倒。它令我想起電影《我和我的朋友》中，有一個人不斷把署名為「E」的詩歌放在超市的泡菜貨架上，不久電視節目台就報導了這位神秘的詩人，稱其為「泡菜詩人」。當然這跟四川泡菜是無關的。不過，川菜百菜百

味，一菜一格，在其他菜系中是絕對少見，更何況它能融合其他菜系，創新出別樣的風味來。而這正如冉雲飛所說的那樣：回鍋肉是川人生活裏的空氣，開水白菜是星巴克喝的咖啡，夫妻肺片足夠爽歪，那麼火鍋就是川人的強心劑，讓平常那些不夠活蹦亂跳的川人都從死氣沈沈的狀態裏活了過來。

美食之旅

《廚室機密：烹飪深處的探險》（安東尼・伯爾頓著，傅志愛、陶文革譯，三聯書店二〇〇四年一月）

最引人入勝的大概是這本書了。經過二十八年的放浪形骸之後，身兼大廚和小說家雙重身份的安東尼・伯爾頓決定把他的故事和盤托出。烹飪深處的探險可謂包羅萬象，不管是最低級的洗碗工，還是在洛克菲勒大廈頂層彩虹會所，無不充滿了激情，那些故事可真是既滑稽可笑又令人震驚。那些美食猶如點綴這一場美食之旅，其間的故事在我看來，其探險的成分在於，你想像不到，這些美食的背後是怎麼的一個奇異的場景：各種食材混亂地夾雜其間，那些廚師性格古怪的要命……總之，比我們想像的要糟糕，但許多美食是在這裏生產出來的。不管如何，我的經驗是，在品嚐美食時千萬別閱讀這本書，你一想著那些誇張的場景，哪兒還提得起勁去吃，更別說去享受美食了。不過，在閒時翻閱一下，倒不是那樣倒人的胃口是真的。

《食相報告》（沈宏非著，四川人民出版社，二〇〇三年四月）

談飲食當然不可繞過沈宏非，就像講武俠不能不說起金庸。沈宏非的路數不是就吃談吃，那樣會很沒勁的吧，至少是看上去是——很滑稽的，他把吃引導成一種飲食哲學，比如他說，一旦被從坑裏拔起進了廚房，羅蔔的命運就開始如李時珍所說：「可生可熟，可菹可醬，可豉可醋，可糖可臘可飯。」可哥可哥，蘿蔔要是母的，幾幾乎就是人盡可夫，蘿蔔要是液體，差不多就是可口可樂了。當然，一本飲食書是不是夠好，我以為這就像吃飯一樣是不是夠暢快。好在沈宏非的食相報告不是很悶，雖然說跟寫食主義有些距離，有時哪怕跑題，也能讓你覺得有些許道理可言。實在是，我們吃飯常常是要跑題的嘛，且不管跑的遠近。對於吃飯而言，更為確切的說，最成功的美食之旅就是一個跑題的餐會。

《食在江湖》（古清生著，線裝書局二〇〇六年一月）

毫無疑問，飲食就是最大的江湖。在這裏不僅高手如雲，怪才絕招層出不窮。我想起第一次見古清生，簡直被他驚嚇住了。在場的人員沒有他有那麼有體重的。大概這跟食在江湖密切相關，遇見美食，猶如一場場豔遇，錯過簡直是對不起自己的胃，不胖才怪呢。古清生對由地域等因素所形成的美食有內在意義上的探索，具有濃郁的自然清新風格，大概是旅食天下的結果了。更為難得的是，他用平實的言語悠悠地抒寫出談論飲食的幾瓣可聊的心得。另外，他的筆更多地觸及倒中國各地飲食的歷史沉澱中去，及其所蘊含的某個地域的人文精神與居民秉性，從而把飲食文化上升為一種區域文化來挖掘。這樣的定義顯然讓我們這樣不稱職的食客更為明白，飲食內外，江湖是大不相同的。食在江湖，能洞見其中的奧妙，也是一趟奇妙的旅程了。

川菜的滋味

美食家沈宏非寫美食的是令人叫好的，好像那不只是味覺的事情。而要說中國的各大菜系，川菜的博大精深是別的菜系所無法比擬的，雖然如此，要弄清它的些許來龍去脈、特色，最好去求助於美食家。對川菜，我是極愛吃的，也是懷有十二分的好感，因此，一直想找本介紹這方面的書，然久不可得。前幾天，在書店見到老記者車輻的《川菜雜談》，不啻為一種驚喜。忙買了下來。

川菜的發展，可以說是一代代文化人的見證。而要說對川菜的瞭解，我想，恐怕最好的詮釋者是車輻了。因為車輻善吃、懂吃，且身經各種場面，廣交三教九流、廣識士夫名流，與張大千、謝無量、李劼人諸先生游，又和引車賣漿之流、販夫走卒同飲食。於是，車輻之美食兼得士大夫之上流品位與下層社會之苦食。除精於食，復博聞強識於四川的文化、民情、風俗和政事，所以對川菜的流變才有詳盡的記錄。更有一層，成都的菜館的名廚，他沒有不識者，常共研究，得廚師實踐之精妙，又能從飲食之學理而論列之，很見川菜的味道的。

真正的美食家，要善於吃、善於談吃，說得出道理來，還要善於總結，在四川就不缺少這樣的美食家，遠有蘇東坡，近有李劼人、車輻，蘇對烹飪有研究，寫有《菜羹賦》、《老饕賦》等著述，有能做出東坡羹、玉糝羹、東坡肘子、東坡魔芋、東坡豆腐等等，李劼人、車輻不僅好吃會吃，更為重要的是他們對食文化的探索與鑽研，這在一定程度上，也有助於川菜的發展的呵。

我想起來了車輻的過往，他不單是美食家，對成都的名小吃和鬼飲食的憶舊是那麼的美好，讀之思之，不禁讓人為之叫好，叫好之餘，唯有感歎。他對成都的一些名小吃的消失除了感歎外，還提出了發展的觀點，我在成都數年也見過成都名小吃的興衰，雖然有的發展迅猛，開了不少分店，但似總和舊日風味相去甚遠，原是不足為怪的，因為它們的規模太大，食客太多，是很難做到精耕細作的了。至於如今成都街頭的鬼飲食，除了燒烤之外，很難見到其他小吃，且不衛生之處矣。讀車輻這樣描寫以前盛況的文章，是很令人悵然的。

我沒有見過車輻老先生的，但他的文章讀起來很是瑣碎，看上去就是成都生活一般的散漫，就是那本名叫《錦城舊事》的小說也是如此。看他的文章，寫成都市井的，風俗的，是很見性情的。他的段子很不少，比如當年，車輻陪著白楊等演藝界的人士吃遍了成都的美食，何等風雅。但是，也有友人揭發，他嘴饞，饞得像三歲小孩，而且，越到老的時候，嘴巴越饞。八十多歲的時候，他中了一次風，當時很厲害，被送進了醫院，由於當時醫院床位緊張，他被輾轉安排到一個產院的病房，在那裏，他只能規規矩矩地躺在床上，張嘴都有些困難，友人廖友朋來看他，手裏自然提了一些吃的東西，見他的狀況正在發愁，車老開腔了：你提的啥子好吃的東西，拿點來吃嘛！友人大笑，贈他一句：美食家。但是，要在前面加上一句，餓了三天的。難怪人們稱呼車輻為「飲食菩薩」。

現在是大師的時代，在川菜界更是少不了大師，但它們對川菜的貢獻有多大，還需要時間的檢驗。但有一點是肯定的，川菜的滋味是隨著時代發展的，因此，我們只能想像歷史，遙望未來了。

美食之旅

關於食物的書近來出了不少，如上海的沈宏非更是標榜「寫食主義」，那多少都是在描述個人的食物經驗，卻又妙趣橫生。而另一類雖然也是寫個人經驗，但把人生閱歷加入進來，也會引起讀者的興趣。比如我手頭的這冊《食物的往事追憶》，就真率、坦誠而言，它往往比職業作家寫的更好。因而，這些對食物的回憶多少更平添了層浪漫色彩在。

對食物的回憶固然好，但若照著食譜來寫也就沒了什麼趣味不說，食譜往往在配料各方面更精確一些，只是不那麼好讀罷了。我也收有一些食譜，但只不過當資料使用而已，其價值也正在於此。而《食物的往事追憶》的作者李玉瑩是香港學人李歐梵的老婆，她是對吃過的菜過口不忘，回來自己做，而往往能推陳出新，從別人的廚藝中悟出自己的新招的，而且更有過之，自創新菜，因此在廚藝方面也自成一體。這在許多篇什中都可發現的了。

我們經常有這樣的經歷：以前的某類食物是美味的，多年後再品嚐時卻又沒有以前的好。這大概是人的普遍情結吧。所以才會有許多感慨。李玉瑩說，予人詩興，赴湯蹈火。我想應該是這樣的。因為在我就有不少這樣的經歷。以前在川大讀書時，常吃的幾樣食物現在回想起來給我增加許多美好的回憶，多年後再去，哪還有當年的影子，簡直是「物是人非」了，不免使人悵然。

這本書的最大長處在於它富有生活氣息。分為四部分：第一部分說的是作者的童年，這個九龍城外的世界的主角是她的婆婆，所吃的食物當然廣東味十足，很多地方像我這樣的食客只能想像，遠遠解饞不了；第二部分敘述的是她在美國和前夫的生活，伴讀又掌廚，內中不乏酸甜苦辣味，也有動人但不驚人的情節，那彷彿前塵舊事，不可追憶；第三部分寫的是和李歐梵在一起的日子，妙趣橫生，把他的饞相也順便寫進去了，我這才知道李歐梵多少還是有些意思的人，不像一板一眼的教授；第四部分寫的是親友請其吃的佳餚，風格多樣，也最引人注目，說起美食，除了食物之外，就是吃的過程中發生的人事。當然，從書中讀到的不僅是他們的生活，更顯可愛的地方是他們對生活充滿了激情，看不出香港生活的緊張。

其實，這本書寫的大都是廣東菜的吃法，於我是陌生的，大抵是因為它們多了一層香港和時尚吃法在內，色彩繽紛，更多的是便於欣賞，於欣賞之餘，倒沒有川菜更傾向於精緻而實在。但我卻讀之興趣盎然，因為在我看來，所謂創新的菜式可根據各人的口味而定最好不過，倘若要追求的話，也是更有意思的吃法吧。在書中的許多菜式是家常菜，無論是紅燒元蹄，還是麥片粥，都有很不錯的吃法，可惜只能在書中體味。李歐梵說，這吃不吃——好吃卻不能多吃——的樂趣，實在是無法形容。無疑他是幸福的了。像我這樣的單身生活，對於

食物大多限於想像，實際上很單調乏味，更不用說去探索新的吃法了。因而，讀這樣的書，可以品味出一種意境在就很滿足了，可謂是美食之旅。

美食這東西，大多是存在於想像空間中要好一些，一旦結識了它的真面目，自然令人不免心生疑竇，那種想像的美也會破壞掉的。所以，我更樂意讀有關美食的書，因而更是怕去實踐了。

吃蟲二帖

平落吃竹子蟲

那次，去平落古鎮參加一個詩會，雖然我不是詩人，也跑去參加了，因為一群詩人好玩的要命。其實，那不是關於詩歌朗誦，也不是詩人們的性情使然，而是在那樣的熱鬧場合，總令人想起竹林七賢的風流餘韻。這樣的樂事在今天是越來越少了，即便是幾個人在一起吃飯，喝酒就在所難免，但總有人以這樣那樣的藉口推脫個沒完，好似一喝酒，人就變壞了。令人看著就有些不爽。幸好詩人大都沒有這樣的毛病，所以，詩會還是蠻愉快的。

晚飯之後，大家餘興未盡，就又跑出來吃燒烤，那燒烤的滋味如何，似乎少有人記得了，更多的記憶是跟酒有關的吧。我早已不勝酒力，一場場的喝下來，沉醉不知歸路了，最後是怎麼回到房間的，已沒了清晰的印象。幸好那天對竹子蟲的印象深刻，至今還在。我胡謅了幾句：周小華說／這是一種很美味的蟲子／很有營養／小時候常吃／惜我只顧喝酒了／

把蟲子忘在一邊／等我回到成都／才想起來／自己錯過了蟲子。這寫的有誤，因為那一天確實是吃過了蟲子。

開初，看到竹子蟲，我怎麼著都不敢下手，這是因為我對昆蟲實在是沒多少興趣的，且不管是哪樣的昆蟲，怎麼的吃法。詩人楊然則提醒我說：這蟲子很好吃，不吃可惜了哦。我呢，只好是酒壯英雄膽，幾乎是掩著眼睛夾起一隻，借著酒勁吃下去，先有一種別樣的味道，怎麼著都難以形容出來，也許是第一次吃吧，但沒吃出他所說的香味來，不過，味道還是不是想像中的差勁。於是，再吃一隻，還是覺得離他說的美味有些距離，也許是應該烤著吃，而不是油炸著吃的吧。然而，我看見一個傢伙在文章中說，拈來幾根放在嘴裏慢慢體會著味道，只覺得一股甜香，味還不錯，就是感覺嚼在嘴裏粘粘的，有些狐疑，不敢再吃了。想來，他也是對蟲子不大有興趣的傢伙吧。據說，有的館子的菜牌上還在後面幽默地寫上了勇氣指數，想來，亦是有趣的事。

回來後，我就把這事寫在了博客上，美女周小華告訴我說，竹子蟲，在成都又叫「竹蟓」、「筍殼蟲」，竹子蟲的幼蟲叫「筍蛆」。而當地人叫它們什子蟲。中醫作家羅家祥則說，在中藥學中，它又名竹蠹蟲。《本草綱目》中說，竹蠹，生諸竹中，狀如小蠶，老則羽化為硬翅之蛾。具有解毒、去濕、斂瘡之功效。

在以前，也許是當地人見著這蟲子好玩，比如可以製作成風扇之類的小玩意，後來覺得這還不過癮，乾脆烤著吃算了，結果是有出奇的香氣，吃的人多了，也就成了一道菜。吃過的食客再都一致的叫好的話，那無疑就是一道名菜了。

但竹子蟲的所有這些來歷都只是我的想像罷了。於是，順手在網上查了下資料，果然有這樣的說法。其實，這都只不過是飲食的發展路數而已，誰都能預測的到的。至於竹子蟲是否真的那樣美味，只有親自嚐了才知道的。

蟬蛹的吃法

香港作家亦舒有本小說名叫《蟬》，蟬本意是說幼蟲會在土下蟄伏許久，終究破殼而出，而亦舒的小說更像一個寓言，難怪有讀者覺得離題甚遠。不過，我對於蟬的喜好，是因為童年在老家，夏天到處都是蟬鳴，每天閒著無事，就到處捉它們，回來烤了吃，不放鹽不放作料，一樣的美味。晚上則到樹林子裏去捉剛從洞穴裏爬出來的、灰頭土臉的蟬蛹，回來放在篩子裏，倒炦著，第二天他們褪去蟬殼，出落的宛若出水芙蓉一般。但一樣拿來吃掉。不知道環保主義者看了這些文字是不是覺得有虐待小動物的嫌疑。

今年夏天，媽媽給我電話說，小子在家也是晚上帶上手電筒，到樹林子去捉蟬，跟你小時候一模一樣哎。我呵呵一笑，也許這是源於同樣對蟬的喜好吧。

有位朋友教我做蟬蛹，取名「油炸金蟬」：一、將買回的蟬蛹淘洗乾淨，瀝乾水分。二、將洗淨的蟬蛹用薑汁、醬油醃漬十分鐘左右，放入六成熱的油鍋內翻炒；三、加入黃酒、鹽和拍碎的蔥白段爆炒幾下後，再放入水中用小火燜上四〇分鐘—六〇分鐘；四、起鍋前加少許糖、味精，將湯汁收濃後即可上桌。我試著做了下，還像那麼回事，但吃起來並不是很理想，只好放棄了再做試驗。乾脆煎來吃算了，更為便捷一些。

以前，我的同事中有幾個喜好美食的傢伙，沒事大家就在一起交流美食八卦啥的。甚至於還有人把自己做的饅頭帶到單位來，跟大家一起分享。某一天，YY說，我家有了好吃的，你從來沒吃過，週末來我家吃飯吧。魚翅鮑魚之類確實沒吃過，但她肯定不是讓我們吃這個的。但一時想不起來應該是啥好吃的，只好在煎熬中等待週末的來臨。

終於挨到了週末，興沖沖地趕過去，正好準備開飯了。一桌子的菜，我看了看，拌耳片、土豆燒排骨啥的，就沒發現哪個菜還從來沒吃過的——略微有些失望。此時，他們家的辛總端上來一盤蟬蛹。呵呵，還真沒見過這樣的做法的：蟬蛹油炸了，放上椒鹽，可以放很舊的。略微有些鹹，大概是怕放壞了之故吧。問了YY，果然如此。

據說，山東人吃的蟬蛹都是這樣的做法。那天，幾個傢伙先是喝了一瓶白酒，沒有了白酒，剛好家裏還有泡酒，也就毫不客氣的拿出來喝了。用蟬蛹下酒，有味的很，這且不說，彷彿又回到了童年時代。

在成都，固然吃過一些蟲子，但對我來說都是沒有的經驗，但像蟬蛹還是第一次吃到。也許有館子有這麼一道菜，只是我還沒吃到罷了。這樣想著，就上網查一下，結果是沒得。對了，我在銀廠溝見過一些蟬，身小，個頭也不大，想來蟬蛹也不會多大的了。如果做一盤這樣的菜，想必花費不少，未必賣得起價錢，餐館也就懶得去做了。但這顯然不符合成都人的飲食習慣，那只能解釋為，對於蟬蛹的價值還挖掘的不夠吧。

美食中的美文

作為一個美食愛好者（還不算美食家），大概只知道蔡瀾、沈宏非，不曉得古清生、殳俏，是算不上的。說來，這些年，寫美食的人趨多，但能瞭解美食之道的卻少，不是不瞭解，實則是沒那麼多的品嚐經驗而已，從這裏說，古清生絕對是當今第一的草根美食家。

專欄作家小寶語言一直是有些刻薄的，比如他說，目前中國的食經寫作也和中國的餐飲一樣粗糙。我們沒有米其林飲食指南那樣權威的專業作品，美食文字大多是抒情曖昧的散文，美食作家上焉者是散仙，下焉者多為乞食百家的野鬼。這樣說來，老實是說，是有些道理的。在我所在的城市，有個美食家協會，常常是帶著一干人去白吃白喝，然後寫幾行所謂的美文，這實在是對美食的糟蹋和蹂躪。不過，這些都不是古清生的風格。

有很長一段時間，老古一個人遊俠一般騎摩托車行走江湖，到一處，吃一處，他把各地的美食發掘出來，後來就有了一套《旅食天下》，寫的是見過的、吃過的食物，也不管是不是美食，這都不是最重要的是，重要的是記錄下享受這些美食的經驗。那天，在成都與老古（不少人這樣稱呼他）見面，自然聊起了這套書。他先是一番感歎，一路辛苦，幸好有美食相伴，要不是有這個，怕是也無法堅持下來。畢竟美食是旅行的動力嘛。但對於他來說，不僅如此，還有將美食發揚廣大的義務。

其實，古清生不僅熱愛美食，對各種新行當、新事業都有興趣參與其中，並不時發表一下看法。比如對於汽車，他就有獨到的見解，儘管有人批評他不懂得汽車市場，那又有什麼關係呢？未必是親自參與了汽車製造才有發言權嘛。在我看來，這些紛爭是難免的，他也懶得回應一下，不是沒有話說，實在是，說了又怎樣，不是每個人都明白這個道理的，所以爭論不休，不過是圖個熱鬧。

他只熱愛他的文字，一如他對於生活，對於美食的熱愛。那天，他得空來成都遊玩，冉雲飛和我陪在望平街吃飯，先是想著川菜館子，後來怕他不習慣成都的麻辣，乾脆改吃老鴨湯了，老鴨湯的滋味再也記不起了，只知道酸蘿蔔要了好幾份，喝的酒不少，談吃的更多，簡直就是一場飲食的盛宴。

這樣的一個古清生，顯示出來的精氣神是自家的。我想，老古的生活之所以豐富多彩，騎摩托車旅行似乎還不算最傳奇的，令我驚訝的是，他居然跑到了湖北的神農架，與金絲猴對話，這樣的本事，在其他作家身上，我們還很難看到，我猜想，這跟他的個性有關，或者說他有一種使命感。要不，一個作家除了寫好文字之外，還要積極參與到生活建設中來，多是不容易的事。所以，現在，他又呆在神農架，不是看風景，而是做自己的研究，這個功

夫，在別人看，可能是不值得的，但他喜歡這個，就不算什麼了。

拿到他的新書《陽光八萬里》時，當然有一些驚喜了，要知道這是他近年的文章精選。但這也是令人遺憾的吧，因為看一個作家的文字，如果一本精選本就把作家看完了，那其他邊角餘料的文字雖然不足觀，到底是一個作家寫出來的，多少也是一種自身的反映。如果要我對這個作出選擇的話，大概不會僅僅滿足一本精選本的。

不是書的內容不夠廣博，實在是書的編選者在編選過程中的取捨標準和眼光，難以符合個人的口味。幸好，這冊《陽光八萬里》把老古的各種好看的文字都收進來了，特別是美食中的美文不在少數，多少是少了一點遺憾的了。至少能滿足我一下私願，就當跟老古一起去旅遊，品嚐美食吧。

關於煎餅的賦

三月，美食家、同事伍曉歐去山東採訪一個文化活動，順便帶點土特產回來，給我的是各種各樣的煎餅。當然，這煎餅不是手工製作的那種，而是成批生產出來的，也許這失去了煎餅的味道，只有形式而已。

果然，啟開那包裝，看上去不過是薄薄的一層紙似的東西，有好幾種口味：花生、栗子、鳳梨、香蕉、薄荷、玫瑰。不過，在我的印象中，說起煎餅，都會想起東北人的吃法：煎餅卷大蔥，那是如何的美味，外地人是無法體驗的。我也曾嚐試著這樣做，不知是煎餅的問題，還是大蔥的問題，怎麼著都覺不出來那是美味，所以嚐試了兩三次也就放棄了。

在我的老家，煎餅都是手工製作的，那是我的最愛。只要有時間，就會做一些來吃。而煎餅的做法簡直沒什麼技術含量，不管是生手還是熟手，都能很快學會的。麵粉、菜蔬、鹽巴什麼的放進去，加水，攪合一下可以做了。簡直是難登大雅之堂的，我就從來在老家那邊見過來客人了，以煎餅招待的。在我，煎餅出來以後，有一顆蒜就著吃就很好的了。記得，小時候，奶奶家有一個鏊子，扁平，用它做出來的煎餅薄，脆，美味的很。這樣的才算煎餅吧。不過這鏊子用起來頗為麻煩，因為每次做出來煎餅是小小的一張，對一大家人來說，吃煎餅是很奢侈的事，花費的時間多不說，如果是邊吃邊做，真不知道要做到幾時才能滿足這口腹之慾的。

但這煎餅也跟蒲松齡有關，他不僅是短篇小說的聖手，就連美食似乎也是精通的，他寫過一篇《煎餅賦》，文章不長，照錄如下：

煎餅之製，何代斯與？溲含米豆，磨如膠餳。扒須雨歧之勢，鏊為鼎足之形，掬瓦盆之一勺。

經火烙而滂淜，乃急手而左旋，如磨上蟻行。黃白忽變。斯須而成。「卒律葛答」，乘此熱鐺，一翻手而覆手，作十百於俄頃，圓如望月，大如銅鉦，薄似剡溪之紙，色似黃鶴之翎，此煎餅之定製也。若易之以莜屑，則如秋練之輝騰，難之以蜀黍，又如西山日落，返照而霞橫。夾以脂虞相半之豚膏，浸以肥膩不二之雞羹晨一飽而遠暮，腹殷然其雷鳴。備老饕之一啖，亦可以鼓腹而延生。

若夫經宿冷毳，尚須烹調。或拭鵝脂，或假豘膏，三五重迭，炙烤成焦，味鬆酥而爽口，香四散而遠飄。更有層層捲折，斷以廚刀，縱橫歷亂，絕似冷淘。湯合鹽豉，末銼蘭椒，鼎中水沸，零落金條。

時霜寒而冷凍，佐小啜於凌朝，額涔涔而欲汗，勝金帳之飲羊羔。耐於東人連蹇，奇荒相繼，豆落南山，擬於殊粒。窮慘澹之經營，生凶荒之妙製，採綠葉爾椒榆，漬濃液以難治，帶葉煙而來，色柔華而蒼翠。

野老於此，效得醬於仲尼，信縮蔥於侯氏，朵隻頭，據牆次，吒吒棖棖，鯨吞任意，左持巨卷，右拾遺墜，方且笑鍋底飯之不倫，訝五侯鯖之過費。有錦衣公子，過而美之曰：「願以我鼎之所烹，博爾手中之所遺，其可乎？」野老憮然，掉頭不易。

想像中蒲松齡的美食經，還是覺得那時雖然窮苦，但還有煎餅可食，而今不管是小資，還是中產，每次談起美食，都是些不中不洋的東西，看上去固然花樣百出，但卻少了一種美的情結。這就像山東煎餅固然美味，如果用機器製作，產量很容易就搞上去，但你無法吃到那種地道的煎餅，想來，是一種遺憾了。

此時，忽然想起清代袁枚在《隨園食單》中記的：「山東孔藩台家製薄餅，薄如蟬翼，大若茶盤，柔嫩絕倫」，所以這位美食家給他眼前美味的評價是：「吃孔方伯薄餅，而天下之薄餅可廢。」以前的美食家遇到的都是這樣的好事，今人大只有感歎一番了，畢竟那些製作美食的手藝已經漸行漸遠，機器取而代之，這樣下來，哪兒還能算得上美味，還能有品嚐美食的情趣呢。

桂林米粉

在沒去桂林之前早就曉得桂林米粉是怎麼的好吃了。但食物的好吃與否，不是取決於流行口味，更多的是在於個人的感受。因每個人的味蕾是大不相同的，這樣一來，食物的滋味也就千差萬別了。但對熱衷於旅行的人來說，除了看自然風情之外，就是食物的追求了。人情世故雖然也重要的，但相對於食物來說，是需要細細觀察才有所發現的，哪兒有美食那麼的可以立時可見其中的滋味。

我到桂林的那個晚上，已經是近十點了，陰雨綿綿，晚飯還沒吃，詩人劉春忙著接待幾位朋友，詩人安石榴、書評人林東林就帶我去一小館子吃宵夜。喝喝酒、聊聊天，在我，跟朋友能這樣都是很美好的事情。在席間，安石榴跟幾個熟悉的詩人打電話，也許時間太晚了，有的已經關機了，只接通了綿陽詩人白鶴林的電話。這下就有了點氣氛。吃吃喝喝，自然少不了推薦美食。結果推薦的就是遠近聞名的桂林米粉。不過，這米粉要吃到正宗的也頗為不易了，在酒店是沒有的，只有民間尋去。

第二天的早上，本來是計畫出去吃正宗的桂林米粉，結果沒多少時間，也就懶得找了，就在酒店裏吃。這裏的米粉似乎是不怎麼講究的。因為是第一次吃，不曉得怎麼做才好，就看別人怎麼做，再依葫蘆畫瓢的法子去做，差不到哪兒去。先吃放進來原湯，蔥之類的作料加上，再放入米粉即成，如果喜歡辣一點的，不妨放入辣椒。但就吃法來說，它與雲南米線幾乎是一樣的，一個是「粉」，一個是「線」，這比下來自然是米粉更為樸實一些，不含表情色彩的，有的只是口味差異罷了。

同行的廣西人羅比說，這米粉都沒以前好吃了。其原因是大家都想把它做成速食，一些老規矩都懶得做了。現在是只有其形，而少其實。我在網上查得資料說，米粉的吃法多樣。最講究鹵水的製作，其工藝各家有異，大致以豬、牛骨、羅漢果和各式佐料熬煮而成，香味濃郁。鹵水的用料和做法不同，米粉的風味也不同。大致有生菜粉、牛腩粉、三鮮粉、原湯粉、鹵菜粉、酸辣粉、馬肉米粉、擔子米粉等等。但在幾天的行程當中，不過是三鮮粉、原湯粉、鹵菜粉而已，其他的也沒吃到，因為是團隊出來活動，也就沒能去尋館子吃一下桂林的正宗美食的。在我看來，在酒店吃飯，再好的美食都有變異的可能，你很難吃到美食中的原滋原味了。

不過，關於桂林米粉的故事亦有不少。最富有傳奇的是，「馬肉米粉」和「擔擔米粉」。話說在民國年間，尤其是抗戰時期，桂林米粉更是名聲大噪，說到桂林馬肉米粉，用著名桂劇表演藝術家蘭魁先生的話說是：「你千急莫講，一講口水就流。」的確，吃馬肉米粉，碗只有茶杯那麼大，每碗只有一根米粉在裏面（所以桂林有「吃米粉找不到頭」之說），鮮美的馬骨湯配香脆的臘馬肉片，再加芫菜、花生、芝麻油，那香味，直沖肺腑，口水怎麼不流呢？最有趣的是，吃馬肉米粉，一頓要吃上二、三十碗才能吃飽，喊老闆結賬，桌面上擺了一大堆空碗。這事有些誇張，在我們今天看來，大概也是很奢侈的事情了，大概在桂林，也沒得餐館這樣做美食的，因為洗碗就是麻煩事的嘛。

這桂林米線看似簡單，而更令我感興趣的還是一個在今天看來不大可能發生的事：在清朝時，桂林軒榮齋的炒粉、會仙齋的鹵粉、易榮齋的湯粉，各有絕活，吸引了無數的回頭客。三齋之間不是以拆對方的台而後快，而是互相勉勵，各出奇招，你賣湯粉，我就賣鹵粉；你賣鹵粉，我就賣炒粉，既公平競爭，又都動足腦水，翻新花樣。這簡直是便宜食客了。要知道，美食中的種類越多，也就有了不同的感受，反正這只需要食客帶一張嘴就成，花樣百出的米粉能讓人盡享風流，也是一景。但在今天，大家都懶得創新的時候，吸引食客的方法也就只剩下拆臺一招了吧。

古風不存。這是現代社會的一個大問題，不說也罷。回來，因為沒有吃到正宗的桂林米線，自然不免心裏欠欠的。不過這也給以後有機會再去桂林進行美食之旅提供一個更為靠譜的機會了。

討厭的包子

有人說，好吃不過包子。但我對包子實在是不感什麼興趣，這話說來，是因為包子鋪出賣的包子，不管是何種味道的，都給人不知裏面的內容究竟如何的印象，說是包羅萬象也無不可吧。不過，這可不是偏見，而是有著千奇百怪的經驗支撐著這偏見的。另外，包子的味道總有一種濃郁的氛圍，經久不散，特別是坐在公交車上，遇到這樣的滋味，只有躲避的份了。

在我讀中學的時候，學校的旁邊有家包子店，因為時常在那裏吃飯，最簡單的飯就是一兩個包子充饑，花費也少。但那包子中什麼都可能發現出來，吃出頭髮是經常的，蟑螂、老鼠屎也是不可缺少似的，總會不經意間撞見。因此在吃包子時，快速吃下，裏面的內容看也不敢看，以免看了髒物以後，弄得自己很狼狽的嘔吐，那可不是好事情。但事實上是有了這樣的心理陰影，在吃包子時，就越想著看看包子裏的內容究竟如何，這不看還真不知道，一看就嚇一跳，包子裏除了餡之外，內容也頗為繁多，越看越覺得這樣發展下去，對包子只有深惡痛絕的地步了。

有了這樣的經歷，再遇到包子的時候，自是心裏發怵。以後，凡是出去吃飯對包子都是敬而遠之，哪怕是再好吃的包子，實在是怕吃出什麼東西出來。更可氣的是，老闆遇到這種倒楣事，是抵死都不承認的，有蟑螂的話，他可能一口吃掉它。頭髮之類的也幾乎是這樣的處理法，但吃客就惱火了。除了金錢上的損失之外，精神也飽受折磨，遇到包子、水餃之類的食物都不免想像那裏面是不是有什麼不可知的東西在。若是將這種精神上升到社會學的層面，也可見出時下的館子的整體素質在下降不是沒有道理的，老闆都在想著怎麼著掙錢，而開館子掙錢的門道多了去了，在這種情況下，哪兒還有心思把產品做得好一點。花費的時間和精力多不說，也可能掙不了幾兩銀子。這當然是現代人的通病，耐心失去了，哪兒還能有更好的東西表現出來。

對食物，先不管好壞，我向來有一種偏見，但這偏見來自於我的飲食經驗，可能有些不靠譜，卻很實用。對包子也是如此。每次遇見都覺得它們足夠討厭。這沒有多少道理可言，但我還是想說，有時這種偏見就像男女第一次見，即使是美女帥哥在一起，怎麼著都覺得不愉快，接下來可能會是沒戲發生，因為這種不愉快帶給個人的偏見很有影響，導致了後面故事的走向。

哲學家認為，個體的經驗容易導致偏見的產生。就我個人而言，不管是肉食還是素食，吃起來除了味道上的差異，實在是沒更多的講究。也許正因為如此，吃飯於我而言，不過是吃飯罷了，能顯示出更大的歷史意義嗎？我想，這就像我們討論的道德標準的高低，誰也說服不了誰。有時想想，我幹嘛去說服對方，讓他非接受我的觀點不可呢。對和錯，不是簡單的數字加減乘除，而是包含了錯綜複雜的因素存在，也不僅僅是偶然的原因。

因此，有時候我還是要告訴自己，包子實在不是萬惡的，而是做包子的人不細心，才有了包子的諸多問題，更何況這種抱怨是最消耗能量的無益舉動。結果是害了自己，多不划算啊。道理固然是這樣的，但我還是不經意的想起包子，想起那種種不愉快，怎麼著能再開心的起來？這事就上升到另外一層意義上了。

廚房小記

成都人以「好吃嘴」著稱。不管是男人還是女人，都上得廳堂，下得廚房。無他。遇到好吃的菜總是忍不住下手操作一盤，遇到難吃的菜，忍不住下手指點一番。這樣下來，日久天長就成了懂吃懂做的好吃嘴。但這也有例外，我就是只吃不做的傢伙，因此說起吃，似乎是紙上談兵，不過，因為有了吃的經驗，不難想像食物的製作過程的。

古人云，君子遠庖廚。只操心事業就是了，買菜做飯的事就交給其他人打理好了。像馮友蘭那樣做一個「甩手掌櫃」，「在家中誰也比不上馮先生的，馮友蘭一輩子從來沒有買過菜」。我單身時，開初跟幾個同學住在一起，幾個人分工協作，有的做飯，有的洗碗，輪流做下去。倒也是生活中難得的一景。

這樣的日子雖有滋味，但終究不是長久之策，後來，我搬到南門一帶，因為附近沒有什麼像樣的館子，免不了買菜做飯。說來，這是有緣由的：一個人生活就足夠艱難，七七八八的開支就夠了，再說也沒有餘錢請保姆啥的。那時做飯做菜也很簡單，菜要麼是買回來的拌菜，要麼就自己拌。炒菜的事也想過，總覺得擇菜、洗菜之類的活過於麻煩，乾脆買白菜、蓮花白、土豆、黃瓜之類的，能多簡單就要多簡單的。

即便是這樣，還是常常把廚房弄得一團糟，收拾的心也時常有，看看灶臺上還有乾淨的地方就不想管了，「明天再收拾也未必晚，反正沒人看見的」，實在是沒辦法了，就來一次大清理，看上去就舒服了許多。不過，這都保持不了多久，如此的周而復始下去，也覺得是個麻煩事。如果有個人幫忙打理那就好了。至少飲食上還可以豐富一些，營養一些。

但這都是我想像的事。如果沒了廚房，成都男人可就真是少了一塊用武之地了，我呢，似乎就無所謂的多了。沒有廚房大不了在街上小館子吃，或乾脆吃速食麵之類的，也可以解決吃飯問題。再不濟就到處蹭飯吃，雖然不是常法，也是一個門道。

直到有一年成了家，我還依然是這樣的習慣，少不得挨批評，沒菜了，沒米了之類的事也少不得過問。「甩手掌櫃」的事只能想像一下了。動作慢一點，都會被說成怎麼不像個成都男人，做菜啥的都不做，也不會做。我這時只好硬著頭皮走進廚房，做點什麼。我的手藝實在差勁的很，菜炒出來的不是鹹了，就是味精放多了些，總之是再好的菜讓我來做，準被搞得亂七八糟。沒辦法，老婆大人只好放棄了。我才恢復「自由身」。

以前自以為還拿手的像炒麵條、拌涼菜之類的，跟老婆大人的手藝相比，就相形見絀了，簡直是拿不出。怎麼著做出來的菜都是有種怪怪的味道。進不了廚房，那就買菜去。但我對買菜也越來越不熟悉了，菜市場固然還是那個菜市場，每次走進去都不曉得買什麼好。

那就自己喜歡什麼買什麼吧。但問題是，作為節約主義者，如果每天都是相差無幾的幾樣菜，也是令人討厭的吧。所以，在連著去幾天菜市場之後，買回來的菜都是那幾樣：豆腐、黃瓜、肉什麼的，結果只能簡單的配幾個菜出來，但即便是這樣，多少也是勉強的。

很顯然，我對廚房越來越不熟悉了。這有什麼要緊的呢。正如喬姆斯基所說的，把枝節問題放在一邊。關鍵是能吃到可口的食物就夠了。難道我們非要把廚房搞得跟高級餐廳一樣，才能吃下飯的嗎？我給自己的答案是，廚房只要適合做飯菜就成了，沒必要搞得那麼誇張。

嗨，有機食物

那天，幾個人約著一起去吃飯，去的是家新開的館子，說是成都最環保的館子。因為平時我對生態關注過，所以就非要到這地方來吃一頓不可，「只有你才曉得我們每天的飲食是不是破壞了生態。」其實，就我本人來說，固然關注生態，但因為這樣那樣的原因還是做不到徹底的生態，這是沒辦法的事。所以只好在更多的場合做獨立的努力而已，也許這也能造成點影響也未可知。

果然，我們剛在館子裏坐下來，服務員介紹菜時，第一句話就很誇張的：這是目前最生態的菜，或者說成最環保的做法。開始聽，還覺得很有意思，至少是跟其他館子不一樣。我不知道他們的做菜的技術含量是不是就那麼高，不管什麼菜似乎都能做到生態。我問她菜的做法是怎麼生態的，開始說不曉得，我連著問了好幾個問題，她都答不上來，也許這是店家看這個是生財之道吧，所以才這麼做的。說一千道一萬，不管你是怎麼生態的，把菜端上來就知道是不是那麼一回事了。

先是端上來一份回鍋肉，我看了看它的色澤，確實沒看出環保在哪兒，服務員卻說，師傅的炒法跟傳統的回鍋肉炒法不同，因此就是環保的了。那到底是怎麼的炒法，她也說不出一個所以然來，大概裏面有什麼玄機也未可知。連著幾道菜像土豆燒排骨之類的都是如此的，想來，這有機食物不過是店家打的一塊招牌罷了，並沒有多大的實際的意義。聯想著有機食物運動。它的一個倡導者英國的查理斯王子誇大所謂「傳統」或「有機」農業的純天然，全不顧農業本身完全是人為、根本不「天然」這個事實。這當然不符合現在的科學發展觀的。

生活在今天的人都十分感慨，現在的流行趨勢越來越讓人看不懂了，忽如一夜春風來，有機食物遍大街都是，就連菜市場的蔬菜也都打上了這樣的牌子，好像你不吃這個，就是吃垃圾食品似的。問題是，不吃有機食物是不是有這樣嚴重。關鍵是一些普通食品一打上有機食品的牌子，身價就上漲了不說。其實，那到底是不是有機食物，還真不能確定。更何況對於有機食物，我們還真有一些誤區，比如說，有人認為純天然的的東西（例如藥物和食物）就是好的，而用了現代農業和生物技術生產出的相對就不好些。但相反的例子是，蛇毒就是純天然的，而沒有人會因為它是純天然的就讓毒蛇咬上一口。

確實，生活真是奇妙無比，然而對於有機食物，目前還不能確定的是，吃有機食物是否對健康有益？反正是看多了看各種各樣的宣傳片，就有一個很不好的毛病，越是劇毒的東西，廣告越說的神乎其神，簡直就是靈丹妙藥才可比擬似的，至於其效果如何，那是不得而知的了。想像如果有機食物可能更不堪，我們的日子不是更恐怖嗎？

為此，我專門查了下專業知識：有機食物，在學術上一般是指用傳統的農業方法生產出的動物和植物產品。基於這個理由，我更樂意把有機食物想像成這樣：有機食物基本是一種人類善意的信仰。有了這個，我們才有理由說服自己把生活過得更為精彩一些。

在今天，我們固然不能拒絕科技的進步，而我們採用的最好辦法是科技成為我們生活的工具。對待有機食物也是如此，否則，那可真是把我們的日子「忽悠」得不成樣子了。

食素者說

照現在的飲食流行趨勢看，胖子一般都不大會是素食者，當然這也不是絕對，因為它跟每個人味蕾的差異有關。也不是絕對數。但像我這樣的差不多80公斤的胖子來說，當然不是素食者，因為怎麼看，都看不出仙風道骨的樣子來，剃個光頭也只是徒具其形，而無實際的意義罷了。

吃素，除了能獲取天然純淨的均衡營養外，還能額外地體驗到擺脫了都市的喧囂和慾望的愉悅。其實，素食主義討論的不僅僅是餐桌上素食製作的佳餚美味，更關心和實踐著一種時尚的生活理念：關注民生健康營養，保護動物，保護環境，關愛生命。因此，素食主義源於素食，高於素食。

有很長一段時間了，我聽說食素可以減輕體重，自然去樂意實施這一完美計畫。但我到底不是堅定的素食主義者，所以，在我大都是有素時食素，有肉時食肉。很隨意的那種，但還沒達到暴殄天物的地步。體重也不見下降，到了夏天，肚子就自然的挺出來，好事的女同事總不免動手撫摸一下，那時才顯現出幾分尷尬來。

有段時間，我跑到紅星路附近的一家文化單位去上班。那時，開會的時候儘量往休閒的地方跑，距離最近、最有文化味的當然是大慈寺，那兒隨時都有文化人待著，彷彿你不經常去那兒就不屬於文化圈似的。自然我也去了好幾次，臨到吃午飯的時候，就在那裏吃一頓素餐。偏有肉食愛好者點一大堆的像回鍋肉之類的菜，但那兒的餐廳供應的大都是素食，叫什麼菜名似乎都不太重要了，都不得有葷菜的。這自然是要鬧笑話。我在那裏也就跟著吃了幾回素食，但大抵來說，都不能滿足口舌之欲，也許這都是肉食者的偏見吧。

周圍也有一些堅定的素食主義者。老實說，我都覺得他們是很無趣的，大家大碗喝酒、大塊吃肉的時候，你一個人在那默默地吃蛋炒飯，就著一小碟泡菜，怎麼著都讓人覺得不怎麼合群，但那絕不是鶴立雞群，而是有著一種孤獨感。但飲食上的差異都好理解，問題是現在很多人一說起素食就說成一種宗教、信仰。很簡單的一個道理是，素食就是素食，無關宗教、信仰的。甚至於從一定意義上說，素食主義並不都是環保的。這事在網上有爭論，但都不是和氣地坐而論道，而是一棒子想著把對方打翻在地，這有什麼意義呢？一點都不好玩。

我的意思是，素食，該怎麼著怎麼著。不要動不動就上升到那麼高的高度。對飲食而言，我更崇尚的是自由的、有趣的飲食，而不是吃起來毫無趣味，那真比不吃還令人難受的。

詩人、作家史幼波在他所寫的《素食主義》一書中，對素食主義深有研究。這本書的啟示意義在於，他把形而上的價值還原到了具體生活語境中，把血肉還原給活生生的生命，把盤中的動物還原給自由的原野。他給出的結論是：從自己做起，重視人與動物的親和性、人類與環境的親緣性，將是人類社會得以維持自身健康發展的必由之路。

如你想把素食主義再上升到一個高度，那也無妨，但不管你怎麼喜好，也總不能把素食主義強加給所有的人：「你不素食，就是對資源的浪費，就是……」這話顯然有些誇大了些。而這也不能說明，我們的生活離開了素食，就真的一無是處了。

今天吃什麼

吃飯，總的來說是很麻煩的事情。不管是一個人，還是一對人、一群人，都時常面臨著這樣的問題。像我這樣的懶人，隨時有不知道吃什麼才好的惡習。所以，一個人的時候，就吃饅頭麵條之類的，這樣一是省事，不必麻煩著去做炒菜之類的事情；二是能快速解決問題，不必花費大量的時間，有空還是看看書、寫寫字什麼的，那才夠詩意。當然，如果每天都是這樣單調的飯菜，大概日子也會過的很無趣，至少是營養不能跟得上，但這對胖子來說，似乎是好事一樁，因為這有著減肥之功效。

有時，我實在是不知道吃什麼才好，老是麵條饅頭之類的簡單生活，饅頭就不說了，怎麼著也沒什麼新花樣，麵條就可以有十多種吃飯，如炒麵、涼麵之類的，但即使是花樣繁多，吃多了也有膩歪的時候，更何況單調的生活也是缺乏情趣的。此時，最好的是找幾個傢伙聚聚，殺一回館子，大家痛痛快快的吃喝，也能了卻內心的不平和——據說，美食是具有舒緩心情的作用的。這樣的想法固然很好，但要湊巧幾個人湊在一起，也是一個問題的。因為大家平時都是東忙西忙的，難得有時間聚在一起。這都不是關鍵問題，這樣說，還是靠美食本身的吸引力還是有的——有了酒杯的召喚，不管怎麼著，都要出來一趟了。

散文家時常說，日子如流水般的逝去，但這生活可得繼續進行下去，因此也就努力把飲食弄得更為豐盛一些，但一個人無論如何都無法豐盛起來的。菜做的多了，剩菜可能會壞掉，這簡直是浪費糧食的嘛。做飯也是這樣，出去隨便找個館子吃，食品安全擔心是不大可能有保障的，想著那食物中存在著這樣那樣的不潔的東西，食慾早就飛到九霄雲外去了，更別說有什麼愉快的經驗。吃的如果是過於奢侈，也不是一個打工族無法承受的了的。有時想想，這吃飯可也真是令人左右為難。

就說有一個週末吧。我一個人待在屋裏，閒了大半天，到吃飯的點兒，想不起來吃什麼才好。水餃好久沒吃過了，水煮魚也是的，還有好些像土豆燒排骨之類的愛吃的東西都似乎被忽略掉了。這樣一路想下去，不免有些悲涼的感覺湧上心頭，那麼多食物，如果一天吃一樣菜的話，也可以進行很多天的吧。但在那一刻，我居然不知道吃什麼才好。於是，找來一枚硬幣，看看運氣如何，折騰了半天，但到底還是沒決定下來，還是先去菜市場吧。見到啥就做啥吃。這樣似乎也合理一些，結果是先跑到菜市場的旁邊一家買水餃的地方了，而我想的是應該吃水煮魚了，已經是好幾個月沒自己做這個菜了。看看，這吃什麼看似簡單，到底還是矛盾的，也是令人無法拿捏的。

單身的飲食生活似乎也就是這麼一回事。然而，說起來，之所以造成我們不知道吃什麼才好，更大的可能是，我們突然發現，那些習以為常的飲食變得面目可憎了，不是致癌，就有可能導致其他的疾病。似乎靠譜的食物越來越少了。古人常說，病從口入，這可不是，要是我們不對食物有一點防範意識，最後可能連自己都搞不明白，怎麼著一不小心就成了疾病纏身了。

韋伯說，一旦引進個人的價值判斷，對事物的完整瞭解，即不復存在。而關於吃飯的過度解釋恐怕也是如此，那就該吃什麼吃什麼，哪兒有那麼多的道理可言。

速食的麵

北方人對麵食大都是情有獨鍾的。如果三天兩頭沒吃一頓麵食，恐怕胃會難受一陣子的。在我，一個人的日子總是以麵條饅頭簡單的打發，無他，這樣不僅能節約時間，哪怕洗碗洗碟子都挺省事的了。再說，這是金融危機的狀況下，再經濟不過的事。所以，去逛菜市場時，看看那裏賣饅頭麵條的攤子多寡，基本上就能斷定在附近居住的北方人有多少。這都是題外話，因為對麵食有著同樣的喜好，所以才會有如此的結論出來的。

在成都多年，各種麵食雖說沒有嚐個遍，但大致吃過的差不多也有半數之多，味道是各有千秋的，如果你非說哪家能排上第一，似乎也難以給出一個公平的結果。其原因是它們的味道是隨著環境、吃飯時的心理等等因素交集在一起，從而使它們有了滋味的差異。但我對麵條確是情有獨鍾的。不管是上下班，最安逸的是來一碗麵，雜醬的、牛肉的、排骨的……甚至於有段時間我在一個地方上班，各種麵條按照順序每天點一樣來吃，也是有一種情調在。

之所以常常吃麵條，是因為這是一個速食的時代。速食在今天可真是大行其道，不管是哪種餐廳，都在提供這樣的服務。連成都這樣的悠閒城市都如此的話，直讓我懷疑人生，是不是我們的社會變化太快了。在習慣思維裏，只有在深圳這樣的地方才會這樣的嘛。

這都無所謂，不過一餐飯而已，固然我們不會將它上升到關係國計民生的地步，也不必驚慌的。因為把生活簡單化的話，很多有趣的細節就逐漸消失了。在速食的時代，餐廳提供的吃物基本上都是一個統一的標準制定出來的，也不會花樣翻新。比如速食麵就是這樣的一種東西。

儘管我對麵條有特別的喜好，但這不等於我同樣喜歡速食麵，因為在一些環保主義者看來，這速食麵好固然是好，但缺乏營養，甚至於吃多了，反而有害健康，其包裝也是對物質資源的一種浪費。至少看上去，是跟我們追求的慢生活是相反的，也是要不得的。在一些時候，它只能扮演充饑的角色，是擔當不了給身體提供營養的大任的。

我也不完全認同這樣的觀點。其實這也可以解釋為，我們的速食固然是一致的目標，也允許有一些花樣存在。在另外一些場合，比如火車上，如果不來一桶速食麵，似乎是有所欠缺的。

有次，我匆匆忙忙的趕火車，什麼吃的都沒買，到了火車上，先是吃盒飯，盒飯的內容簡單的要人命，難吃不說，米更是糙的很，菜雖然有三個，少，也不精緻，即便是回鍋肉能有一兩片肉已經是謝天謝地了。更何況根本吃不好，就是菜好一點，那米飯也讓你懷疑是剩飯的，總有股怪怪的味道漂浮著。於是，就去買速食麵。但列車上的售貨員不知怎麼回事，總是找不到人。我不停地往餐車跑，他們很善意地說，吃盒飯是一樣的。但我拒絕了。因為我不想一次旅程因為沒有速食麵而有所欠缺。那時，我甚至下了決心，如果沒有速食麵的話，那就少吃一頓罷了。但事情在最緊要關頭出現了轉機。

這樣的經驗，實在是不好形容它的好壞，或者說，你很難確定，因為速食，我們就該過上簡單的生活，還是因為速食，我們就該過上有意義的生活。但不管怎麼說，我更確信的是，生活中的許多道理都是相通的，因為它的全部意義就在於它讓我們對未來有了更多的期待。

第三輯

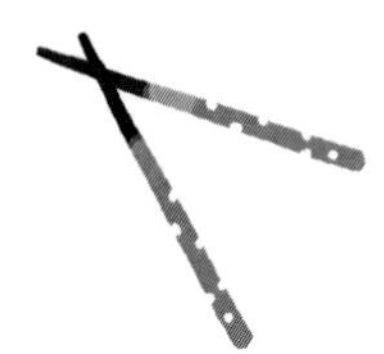

吃飯的雞零狗碎

關於吃飯這件事

人生總有一些俗事需要做，總是免不了的，比如吃飯，儘管金氏紀錄說，一個人許久可以不吃飯，但到底是還是要吃的，畢竟吃喝是人生中的一件大事。

吃飯，並不是簡單地吃點東西就了事的，總是要吃出點名堂來，也不一定要有多大的名堂，就是一頓飯而已，即便是在蒼蠅館子，也要吃得有點味道才成。儘管古人說，餓死事小，失節事大。

有次，我跟幾個傢伙在萬里號碼頭上一起吃飯，說是吃飯，其實主要是在喝酒，一個杯酒走天涯的傢伙，老是不肯把一杯啤酒喝下，把場面弄得大家有些不太爽，一個大男人一杯啤酒難道就會失了身，總不大可能吧，哪別的就似乎不大好說了。直到一個傢伙說，下次聚會，再有他，我就不來了。雖然這不是百分百的當真，也是飯局的一大忌了。誰能確定下次吃飯，會不會發生這樣的不愉快，沒誰能保證，每一頓都是在快樂的氛圍中進行的。另外，吃飯時，即使發生了再大的不愉快，只要有酒杯在，就好解決，一杯酒可以泯恩仇的事兒是常常有的，但如果雙方都沒有誠意把酒喝下去，說不定不愉快還會繼續下去，直到下次把酒喝好，才有和解的可能的。

現在更為通俗的說法，所謂吃飯，更多的是在享受美食，當然，至於是不是美器似乎都不太重要，古人以前挺講究這些的，所謂「美食不如美器」，那是因為要體現什麼身份啊之類的。現在吃得起飯的也差不多都是躲進高級飯店，在一種叫雅間或包間的地方吃喝，旁邊還需要一個侍應生在招呼著，這樣一來，似乎也就有了些檔次。但也只能僅此而已，要說吃飯的境界，似乎也算不上。

其實，跟這些相比，倒是小飯館受到大眾的歡迎，當然是因為在那樣平凡的場合更適合吃飯的時候撒下野，比如吃喝的高興了，你可以吼一嗓子，甚至於說下大話也無妨。高級飯店是絕對不允許這類的事情發生，所謂各有各的個性是也。

小飯館菜品的味道、質量好的也不在少數。這樣的地方，成都人稱之為「蒼蠅館子」，它們分散在大街小巷，過的是隱秘生活，等待著食客去挖掘。你想啊，如果沒有一兩樣招牌菜，小本經營的飯館，無論如何都難以保證客源的多嘛。更為直接的說法是，如果沒有幾個絕招，是不能隨便開館子的，否則最後會死的很難看。比如在城北的一條即將拆遷的街道上，有家破舊的館子，去吃的人不少，而且還有開車去吃的，「再不吃，也許下次就沒機會了」，很多小館子面臨著這樣的問題，不能不說是食客的尷尬了。

在成都這個休閒之都，吃飯從來都是一件大事，馬虎不得。所以，每條街上再怎麼著，都要一兩家飯館不可，且不說那飯館的味道是不是夠好，是不是能讓人流連忘返，這都不是很重要的，有時吃飯還不是為了幾個人交流方便而已，哪兒可能上升到哲學的高度？但如果你上升到這樣的高度，也沒人覺得過分，畢竟吃飯這事，怎麼解釋都有可能的。儘管我們看到很多地方常常是這裏開一家飯館，那裏關一家飯館，我們都懶心無腸的，不去操心是不是明天就吃不著那麼好的美味了。因為在這個時候，總有一些好飯館歷經磨難，但肯定會保留下來，讓人們在美食中感歎生活，享受一段幸福的時光。

關於吃飯，正像艾柯說的那樣：「一定會有人以上千種不同的方式來解讀它。」不管怎麼解讀，吃飯附加上另外的價值，可能跟吃飯的關係就不是很大了。

殺館子的快感

衣食住行，在成都人看來，都是頂要緊的事。別的不說，單單一個「食」字就可見食的大千風雲，讓不少初到成都的人歎為觀止。食不僅是「食不厭精，膾不厭細」，更能說明成都人的生活之道。

「吃飯」，在大江南北都是通行的說法，但在四川就有不同的「吃」法，比如在達縣、宣漢把吃說成「qie」，開江、威遠更是稱為「qi」飯，長沙方言轉為「qia」飯，都江堰更是「ca」飯，雙流、溫江就成了「chir」（吃兒，合音），仁壽等地說成「gan fan」（乾飯），而在萬源的河口一帶就說成「jia bong」（夾髼），吃稀飯叫「jia mi」（夾米），不曉得還以為是說國家機密呢。

至於吃嘛，也各有千秋，「吃庖湯」，是一家殺豬，邀請四鄰熱熱鬧鬧吃一頓。「吃龍肉」，是說吃很好的食物，多少有些諷刺意味在。「吃抹合」，打秋風，吃白食，也常被說成「吃抹兒」、「吃福喜」。「吃巴挨」，是說跟到別人一路吃飯，與「吃巴片兒」差不多，也被說成「吃巴肝兒」。「吃長飯」，兒童正處於生長發育階段，食量超常。「吃轉轉飯」，過年過節，親戚朋友間輪流舉辦宴席。「吃擡盤兒」，偶爾上門，碰上宴請一類的事。「吃飲食」，飲食當然是拿來吃的嘛，說來不免有些奇怪。「吃酒」，當然是喜宴之類的說法了，而「吃包子」卻是參加喪事中備辦的宴席。

而由「吃」引申出來的含義也不再少數。「吃魌頭」，意為佔便宜。「吃寬面」，俗語云，不要城（臉），吃寬面，指臉皮厚。「吃李子」，不是吃真正的李子，而是在老師面前背誦課文中間記不上來。其他的還有「吃獨飲食」、「吃軟邊邊」、「吃了雷」等等，各有不同的含義。

但說到吃，成都人最為誇張的莫過於把「下館子」說成「殺館子」，而不是像外地人那樣羞答答地說「吃館子」，這「館子」讓我想起電影《小兵張嘎》，日本鬼子的胖翻譯官對羅金保和張嘎子說：「慢說吃你幾個爛西瓜，老子在城裏吃館子都不花錢。」在各地方言中，對於去飯店吃飯，還是各有說法的，比如安徽人見面一定說今天「下飯店」，青海人更流行的說法是「一起搓」。

其實，「殺館子」一個「殺」字，把人本性中吃香喝啦的快活之情宣洩盡了，到館子裏去，像江湖仇殺一樣吃飯，雖然未必是山珍海味，或大魚大肉，也見吃喝的風情。吃飯因這個「殺」字而陡然生動。有個段子說，外地朋友初到重慶，到吃飯時間，我拉著他的手說了一句重慶話：兄弟夥，走，殺館子。朋友納悶：重慶人怎麼動不動就要操傢伙拿刀砍人啊！

後來他才整醒豁：「殺館子」就是進飯店吃飯的意思。由此可見，方言在不同的話語中也有不同的涵義。

雖然說成都人也說「殺館子」，但到底是不能與重慶人的生猛熱辣的氣勢相比的，而這卻顯出成都人對生活無比的熱愛和嚮往。生活嘛，雖然說平平淡淡才是真，但若是一直這樣子，簡直是不可救藥，需要「殺」那麼一下。

這個詞還把成都的麻辣火鍋都淋漓盡致地詮釋出來了。與上館子吃飯相比，吃火鍋更像江湖上的對決，更符合「殺館子」的要求。那火鍋店就是一個江湖，很多重要故事情節可以忽略，惟一重要的味、胃、心能快速滿足。飲食對好吃的成都人而言，每次都是在挑撥著每一個人的慾望。那一陣快刀廝殺之後，還能剩什麼？滿足的一聲「巴適」而已。

不過，在吃飽喝足之後，千萬不能像北方人那樣豪爽地問一句「吃飽了沒得」，因為在成都話裏，「吃飽了」是說一個人吃飯時不曉得吃得饑飽，傻吃傻喝。那殺館子的快感也就消失掉了。

手藝的黃昏

對手藝人越來越不重視是因為我們的生活需求方式的轉變，但正因為這樣，我們對手藝活的需求越來越多。這是一個悖論，但卻時常在我們的生活中出現，但我們習以為常了這樣的生活方式：總覺得我們有時間欣賞到最好的手藝，比如對於非物資遺產的很多種類是常常忽略的，對於川菜也是如此。

我們能感歎世風日下，但我們改變不了這個現實。就川菜來說，向來是以色、香、味俱佳而著稱的，不特如此，即使做菜這種手藝活也很見功夫。然而，現在品味之下，許多菜餚儘管色、香有其形，而味則大打折扣，真是十分遺憾的事，令人不禁懷想川菜以前的一些風貌，那時的事情也足以令人神往的了。開館子的既可以跑堂下廚，又懂得營銷學，所以生意是越做越好。

在烹飪中，做菜即是手藝，功夫上更可見高低。以前的許多餐館只是在街頭擺攤設點，大多以手工為重，刀法、配料、原料都極有講究，做出來的菜也十分可口，那時的許多食客不僅不以在街頭吃東西而羞慚，反倒大呼痛快、大快朵頤。那情那景是很可羨慕的，記得有

時等許久吃不上菜，即使上來了，總跟想像中的川菜有不少的距離，每次吃飯幾乎都是惴惴不安的，生怕越吃越發現自己吃的菜什麼都不像，只能是煮熟的食物而已。

前些時，我到成都一名酒店吃飯，菜雖美，卻很難稱得上好，最後上來的小吃是鍾水餃和擔擔麵，也不見怎麼好。老闆此時走來，讓點評這些菜和小吃，我直道好吃好吃，其他不好說也，老闆雲應多多加以宣傳，我也只好敷衍搪塞。想起來，至今仍頗不痛快。要知道，菜的好壞不是宣傳出來的，而是切實的做出來。

現在的批量生產出來的菜餚無論從做工，還是用料上，都顯得粗壯了些，這反而失去了川菜中的精當的美妙，像夫妻肺片中的牛肉切片就不容易，先選用上好的牛肉，然後細細切片，和其他材料拌之，佐料更是要適宜，否則做出來的牛肉片厚、大，就失去了形色。即便是常見菜，也摻雜了不少的水分，不是菜的分量減少了，就是在其他方便有些欠缺，川菜作為藝術品的形式越來越被忽略似的。許多的川菜都有這樣的問題的，可惜的是，精緻作為川菜中的一絕在今天很不易尋見了。要吃到正宗的川菜似乎也很難找見，一個店能做一兩個拿手的菜已經不簡單了，要是一桌好川菜，簡直是很奢侈的事。

做菜，看似十分簡單的手藝，要做的很好卻是大為不易，原料選好，佐料適當，再就是火候了，掌握不好火候是很難做出精美的川菜。我曾見過一個師傅做肥腸粉，單是做肥腸就費不少時間，清洗呀什麼的，都一一做來，好似從中尋到了樂趣。自然，經過這認真加工的肥腸是很美味的，吃起來更是令人叫爽，難怪他那裏食客如雲呢。反觀現在街上的一些餐館，單看名字實在是起的好，吃的人卻不多，除去服務態度的因素外，大抵他們做得菜不夠好，吃過一次再不想來的緣故吧。

看見川菜到處飄香，甚至國外都有川菜館的出現，這是好事，說明川菜的魅力是無限的，至少是可以向外擴展的菜系。從新聞報導上看，也是看好的，但在好之下，還存在著不少隱憂。但看到現在的成都一些川菜館的不良作為，不禁令我想起手藝的黃昏——做菜還是精細一點好啊。

幸福生活從美食開始

成都人大都是好吃嘴。即便不好吃的如我，也經常混跡於飲食江湖，到底只是吃吃喝喝而已，不像聶作平，一吃吃出個美食家的名號，還出了本書叫《舌尖的纏綿》，這是聶氏飛刀的一種。我在書店看到這本書時，老是記成纏繞，不是纏綿。而纏綿，我猜想，是跟他的詩人氣質有關。

這讓記起來，早先看他的文字發在報紙上，不是報屁股上，常常是頭條，而我第一次跟他見面就是在都江堰吃飯喝酒，亂七八糟的胡亂喝一通，白酒紅酒的，後來又去泡咖啡館，很有點匪氣不說，多少也有些豪爽。但比不上《水滸》中的好漢，雖是大碗喝酒，但肉是小口小口吃的，那些豪氣沖天倒保存了一些些。這些雞皮蒜毛的事情，在我看來，沒多少價值可言，吃喝再怎麼著，也沒大不了的吧，不過是吃喝而已。但他就不一樣，隨後用詩一般的語言寫出來，有趣又不失高雅，這些美食語錄大抵是這樣來的。不過，最近幾年，遇見聶作平，他幾乎不喝酒了，鬥地主的水平是越來越好了，至少從他的博客上看到的都是他的勝利。

說到「老酒館」，他不由得感歎：「是它們，以美酒和川菜的名義，詩意了老成都的花樣年華。」而臘肉和香腸是中國民間美食的雙子星座，就像李白和杜甫並稱為李杜，從而被認為是中國詩歌史上最令人景仰的雙子星座一樣。「而大蒜鯰魚味道之美，乃至於次日起床刷牙，細嗅牙刷，竟還殘存一股鯰魚的香味。」「尋常百姓的人生總是小的，無數的小就構成了我們的一生，浮生若夢，喝酒是一件重要而深刻的事情，它教育我們，要像熱愛美酒一樣熱愛生活，哪怕生活寡淡無味，但至少還有一些小酒，在未來的時光裏等待著我們。」諸如此類的語錄構成了聶作平對美食的獨家解讀。說白了，幸福生活從美食開始的。

聶作平對美食的精道，除了到處吃喝玩樂之外，還留下來的是這些不凡的文字，看上去就像壞人一樣，實在是最好的人。也許正是因為這個緣故，他在文字中調侃生活的同時，還特別留意這些吃物的不同，大概這是美食家最大的與眾不同之處吧。哎呀，想不到吃喝這件事，還有如此多的學問，實在是令人難以想像的了。

如果僅從文字上看，也看得出聶作平的有趣。如果飯局也存在著一個江湖的話，我猜想，也是如同冷兵器時代的江湖一樣，高手如雲，不知就裏的進去，怕是難以脫身出來。畢竟各地的美食是不盡相同的，吃法自是各有差異，如何吃得高興，對如我這樣的食客而言，也是十分困難的，只能是看著形勢變化多端，小酌一下而已。但他說，「現在不再是豪飲和好漢們的江湖了。現在是小妾們的江湖，是白領們的江湖，他們風光地倡導著不飲的時尚，他們精緻地表演著他們的人生，彷彿世界只是一個供他們作秀的話劇舞臺。用魯迅老爹的話說，你抵擋得了麼？」仔細一想，可不是這樣的嘛。

時常看見全國各地的網友，不管認識的還是不認識的在名為「聶作平的詩酒版圖上」的博客上留言：聶胖娃，好久不見，改天聚一下。當然，這樣的聚會在他的博客上隨處可見，但一到書中，就變成了另外的樣子，讀上來不免有股怪怪的味道。儘管是纏綿，也多少打些折扣的吧，至於不爽是一定的了。好在不想看書時，還有他的博客可看，至少是少一點遺憾。

今晚且吃羊肉湯去

還沒到冬天，成都的大街小巷就飄起了羊肉湯的味道。原來那些利用空地做冷啖杯的店店也都改做羊肉湯了。若說它的美味，當然是比火鍋什麼的來得親切、自然。以前在北方吃羊肉湯，總沒有在成都吃特有的這一種痛快而溫馨的感覺。

雖然成都的羊肉湯店店眾多，大都是來自簡陽、華陽的，至於正宗與否，似乎都不太重要了，關鍵是要吃得舒服才成。小關廟曾經風光了很多年，冬至的前後，那裏簡直是人滿為患，路都堵得無法走人。不過，這樣的盛況現在當然沒有了，畢竟現在到處都有羊肉湯可吃，不必眾人擠在一起不說，就連隆昌、自貢人都在成都開起了羊肉湯店。

每次吃羊肉湯都如臨大敵一般，又似一場豔遇，那種緊張除了對湯的期待之外，也包括了蘸水碟子的辛辣帶來的快感。那天，幾個同事跑到三官堂吃羊肉湯，羊的骨架就擺在店外，食客們圍桌而坐，泡的枸杞酒攙雜在香氣之中，那熱氣猶如雲霧般的繚繞。還沒坐下，老闆就介紹起了羊肉的吃法什麼的。等到羊肉湯端上來，酒就先放一邊，就吃了起來，辣椒夠辣，臭豆腐夠臭，味道也夠好，但可惜的是湯不夠那麼地道，帶著羊子些許的膻味。令人不免有些遺憾罷了。

差勁的羊肉湯還是經常能吃到，說到底這羊肉湯就是應季的吃物嘛，原來以為那些老字型大小的店店的質量也許能保證一些，但事實上也不完全是這樣，到底這些店店都是隨意占個空地，隨著季節變化而開的店，怎麼又稱得上老字型大小呢，實在是誇張得厲害，而這也許正是成都的食店風起雲湧，不停的變換，依然是吃客如雲的緣故。

正宗簡陽羊肉湯的做法是，熬湯時，需是鯽魚拿紗布包好、豬的棒子骨、羊的棒子骨，羊肉一起煮。羊肉好後撈起切片，湯繼續小火熬，熬得發白，敖得越久越好。接著，豬油下鍋、放薑可炒到金黃色。到羊肉開始爆，爆香後，放點點鹽、胡椒、茴香粉（這個很重要，但不要放太多，一點點就好了）。爆好後可以倒湯進去煮了，煮開後，湯也是很白的了。放適量的鹽和味精，再放點點茴香和胡椒，一點點就好，太多的話容易掩去羊的本味。另外，簡陽的吃法是放蔥，一般不在湯裏放香菜的，因為放了香菜，羊肉湯一鍋都不正宗了，會遮蓋點點羊肉湯的香味。當然，這樣的羊肉湯容易上火就是了。

而黃甲的羊肉湯似乎只適合跑到那裏去品嚐，做法跟別處的類似不說，連湯的味道也說不上有多少，這不過是羊產業下的一個支流而已，哪兒談得上別的東西來。

現在的羊肉湯有N種吃法，顯現了成都人在吃上面的精明，而這些吃法完全不像以前那樣，類似於火鍋，把羊肉煮了再說，雖然這樣沒有羊的膻氣，但也失去了羊肉本有的鮮美嘛。

各地看到羊子如此受吃客歡迎，紛紛辦起節會來，黃甲的麻羊節、金堂的黑山羊節、邛崍的羊美食文化節，大邑、崇州、都江堰等地的冬季羊肉節等紛紛出爐，同樣結合當地特色，成為了當地節會經濟中的一抹亮色。也是成都人冬天必不可少的重要節目。

當然，吃羊肉湯重要的不是吃羊肉，而是那一碗湯能不能喝出些許別樣的滋味來：軟綿，細長，平中有奇。湯需要慢慢的從嘴唇到舌頭，到喉嚨，小心的進了胃，那種醇厚是需要從心裏才能感覺出來。不過，如果是大口如喝酒一般的喝湯，痛快固然痛快，但難以品嚐出它的各種滋味來，即便是味蕾再發達的人。

羊肉湯真是個好東西，這在成都表現得特別明顯，如果一個冬天不吃那麼幾次，大有白過一個冬天似的。那麼，不如今晚且吃羊肉湯去。

文化主婦的美食生活

在認識心岱的朋友中，一直都覺得她的日子過的是最有趣、最從容的。她去菜市的路上，看到有人家晾曬辣菜，鋪著白紙的上面，辣菜是切成薄片的。她會告訴你，這樣容易晾乾水分。你不大明白她的話，她就會繼續說，辣菜也是芥菜之一種。「買了金瓜後，我就想起了十年前看過的張中行先生的散文，好像張先生就把南瓜拿來作為案頭清供。後來翻出這本百花文藝出版社九十六年出版的《張中行散文選集》，果真沒記錯。」真不知道，她在哪兒知道這麼多關於美食的記憶。簡直就是一本美食的博物志。

某一天，她在博客中寫道：早晨翻李碧華的隨筆集《水雲散發》，我看到桂花醬還可以煮在粉子醪糟裏。四川人叫的粉子醪糟，也就是江浙稱之為酒釀丸子的。李碧華把它列為十大心水甜品。

好像她一直是這樣的生活。有次，我們幾個朋友在文化公園裏喝茶，天都快黑了，大家還在一個勁地討論吃什麼，她坐在那裏，安靜的很。後來，大家提議去一家飯館吃飯，心岱就說，我看還是回去吃吧。有人就說，回去還不是一樣的吃。她說那可不一樣，在家想吃什麼做什麼，在飯館能嗎？顯然不大可能，我們餘下的人把她送走，然後再去飯館吃飯，那天吃的什麼都忘記了，但心岱的話一直沒有忘卻。

心岱沒有上班，完全就是一家庭煮婦，但她能把平常的飯菜煮出另外一種味道來——也許該稱為新煮食主義吧。照我的看法，像她這樣閒散的日子一定是閒得天天發呆，找不到事情做，才有了對美食的喜好，她不。有時，她到圖書館借借書，或去舊書店淘書，偶爾買到一本好書，就禁不住在博客上說一下，或考證一下歷史什麼的；要不，就去菜市逛逛。菜市有什麼好逛的呢？面對著各種蔬菜、肉食品，在我是覺得再平凡不過了。但是心岱看來，不啻為一種奇遇。比如，上午在菜市，第一次看到這種綠中帶紫的油菜。跟平時見慣的紫紅油菜不一樣。看著很清秀。這種發現是常人所難以做到的吧。攤主說是新品種油菜。然後她就買了一斤。吃法就照紅油菜那樣，油炒過加水煮。做一個有熟油辣椒，花椒，醋，小蔥和醬油的蘸碟。果然美味。

北京對美食家有種雅稱——「吃主兒」，即要講他們怎麼採購、怎麼做、怎麼吃的種種講究。如果稱心岱為「吃主兒」也是沒錯的。比如做涼拌的紅油雞塊，多少是算不得有趣的事吧。她說，雞很重，五斤多，只煮了一小半。煮雞太重要，煮久了會很難吃。煮時放了薑，蔥，一點鹽。水一開我就開始算時間，想應該十分鐘。一步不敢離，守著煮，不到十分鐘，就煮得差不多了。撈起來，雞要涼了才能切。不然要切爛。等雞涼了後，砍成小塊，又放些鹽和勻。之後放蔥節，蒜，紅油，花椒油，白糖，少量的生抽，味精。我覺得味道很好。原來，簡單的做法也可以如此的詩意。

那天看報，一著名作家撰文說，皆說女生性好小吃，但多在享受口福，心岱卻偏偏對蕎面來了一番考證，在清人傅崇榘的《成都通覽》裏知道蕎面有「六文、八文、分大葷、小葷，有開鋪者，有肩挑者。」卻是另一種意趣。有位品嚐過心岱的手藝的傢伙說，現在說美食啊小吃啊，似乎到處都是，其實，正宗的手藝越來越少了，假若你吃過心岱做的菜，嘿嘿。不用說，從他表情中我們都猜得出來：那味道簡直是不擺了。

川菜不只是麻辣

如果你走在中國的哪一個城市，沒有川菜的話，簡直連鄉壩頭都不如，因為鄉壩頭可能就有一兩樣川菜，儘管是不大正宗的。某一次飯局上，不太地道的美食家老楊如此說。可最近的新聞則告訴說，川菜沒能進入奧運村大功能表。在四川的餐飲界彷彿刮起了一場颶風，這下，玩笑就開大了，要是奧運會少了川菜，嘿嘿，那對不起，就是對川菜的誤解不說，如果沒了川菜，奧運村大功能表是不是就太沒水平了點？連四川省美食家協會會長李樹人都認為這是一個難以想像的誤解。

說白了，說川菜太過麻辣之類的話，不僅是對川菜的不瞭解，更是不曉得川菜在美食中的江湖地位。我們說川菜博大精深，當然不僅僅是因為麻辣，更是在於它歷來有「七味」（甜、酸、麻、辣、苦、香、鹹），八滋（乾燒、酸、辣、魚香、乾煸、怪味、椒麻、紅油）之說，演變出來就是「百菜百味」，豈止一個辣。你就連一些外地菜系一到成都來，一融合，一入境，就改了良，就成了新的風格，而且現在市面上的流行菜多半是這樣出來的。

歷史也雄辯地證明了川菜的博大這一點，比如史學家早就考證出來了，古代巴蜀人早就有「尚滋味、好辛香」的飲食習俗。另外值得一說的是，像「廚膳」、「野宴」、「獵宴」、「船宴」、「遊宴」……這樣的腐敗活動因地制宜，——舉行，可謂花樣繁多，比今天好吃嘴們的活動還要豐富得多。

居住在美國的四川作家愚人雖然在吃的經歷上不能和李劼人、車輻等試比高，但他在一本書中曾毫不客氣地把川菜的繁榮景象形容為全國山河一片紅。這是不為過的，當然，這是著重它的紅和辣，這樣的景象往往會把川菜的其他味道掩埋掉。人們對川菜的認識存在著偏差，說到川菜就是麻辣燙，類似說到相聲就是說學逗唱，連基本功可以說也是不具備的。

其實好吃的川菜既不麻也不辣。有人曾做過統計，川菜中麻辣的不過占25％罷了。在宴席大菜上，麻辣就更不突出了。有人甚至把川菜的風格歸納為以清鮮為主，濃厚著稱，麻辣見長，本味見功。老成都公館菜一直是成都的高品質川菜館，講求滋補，技藝複雜，集粹著川粵京蘇四大菜系的精華。其特色菜香橙蟲草鴨、龜鱉魚王湯、清燉粉蒸肉、醪糟紅燒肉並非只見麻辣。但川菜善用「三椒」——花椒、胡椒、辣椒，「三香」——蔥、薑、蒜，遠非其他菜系能相比，可能由此給人們留下了錯覺，但也可能是川菜的名聲在外，吃川菜就是有這幾樣，才能算是正宗的川菜吧。

二〇〇八年的夏天，川菜十分意外的落選了奧運村大功能表，不管如何說，都是很令人遺憾的事吧。很多研究川菜的精英分子跳出來，說，這簡直是開玩笑，沒有川菜的參與，那成什麼話了。當然，這不能簡單地說是川菜過於麻辣，不受歡迎。而是川菜是不是適合更多的人的口味。在我看來，這更應該看作是參加奧運會的運動員吃不到川菜，簡直是莫大的遺憾。

其實，我們對很多菜系的瞭解都是很膚淺的，即便是美食家也是常常以自己的喜好來評價美食，標準無所謂有無，關鍵是能說出一種味道來才成。這樣的事並不鮮見，相比較而言，我們對自己的胃口把握可能更靠譜一些。

川菜的第三條道路

對於美食家來說，見美食猶如見美女一般，兩眼是要放光的，心是要怦怦跳的。這都是沒有原因的自然表現，但在今天的吃飯，這樣的驚喜似乎越來越少了。川菜作為「百菜百味，獨具一格」的菜系，儘管在最近幾年紅得到處都有。可以套用那句「有人處有金庸」來形容，只消把「金庸」改為「川菜」即可。但金庸所寫下的江湖，是人的江湖，固然在川菜發展中不見什麼血風腥雨，倒也是競爭的極為激烈。而這有些像作家馬小兵在《格老子，四川人》中所說的「窩裏鬥」，互相「下爛藥」，而不是想著一個菜系的長遠發展，實在是可惜了一幫聰明人。

川菜向來有傳統與創新之說，其實，兩者也不是區分的那麼涇渭分明的，但你不管怎麼說吧，它們都屬於川菜系列，如果只是傳統的菜，除了回鍋肉好吃的要人命之外，似乎可說的也就是幾十個菜了：蒜泥白肉、魚香肉絲、夫妻肺片、麻婆豆腐等等。長期下來，當然難以更好的適應市場，但就靠這些，也能把館子一直開下去的。轉過來看，創新川菜又覺得傳統的是「老頑固」，一群保守主義者，缺乏創新精神，整天吃老本，固然不會有吃空的那一天，卻也是沒有前途的菜系的。不過，我們從文化的角度看，如果不保守一點，留存更多的文化，又何從談得起傳統呢。因此，不管你怎麼批判，該流行的菜一樣會流行，不是「以人的意志為轉移」的。

有時，看多了這樣的爭論覺得很無趣，這就像一道菜端上來，兩個人同樣品嚐，給出兩個不同的答案實在是再正常了，因為每個人的飲食經驗和關注點是不相同的，好壞的標準固然是只有一個，但如果這川菜怎麼著評都是統一的標準，不能多一點選擇，可能就使它成了僵化的形式主義，那還有什麼意思呢。

在這種情況下，川菜的第三條道路就應運而生了。簡而言之，就是一條不同於傳統與創新之間的路。也許在川菜專家看來，這是一個偽命題，因為這條路存在於創新與傳統之間，也沒什麼稀奇的地方，而且還帶點儒家所謂的中庸的味道，但也可能有人說這是四不像，比創新的川菜還不靠譜，很另類。這又有什麼關係呢。另類在很多地方上表現的並不是壞處，更多的是活力的展示，關鍵是川菜能在各種爭論中找出一個好的方向來。這看上去有些靠譜，但不是問題沒有，也許逐步去解決是比較好的。但在有些很像川菜專家的傢伙看來，川菜就是一個發展、融合的過程。比如有一個人試過一個新菜，味道巴適的板，就推薦給周圍的人，久了，也許就有可能成為川菜的新品種。這樣的例子還是不少的，其實是任何事物都需要推陳出新，否則，就只能是墮落下去，其本身所具有的意義也就喪失掉了。

然而，這都不是川菜本身所存在的問題。不管它是走在那條路上，只要是向前走，就有可能走到一個新天地，你可別說。現在的川菜之所以紅透半邊天就是因為它堅持一個東西：川菜食文化在烹調上無論是對品味的追求上，還是對菜餚的製作上都以五味調和為最高原則。而不斷的對五味調進行調整，花樣再多一些，同樣的川菜讓你吃不出不同的感覺，以此來適應更廣泛的人群。因此，川菜的特色，就是讓每個吃過的人，都覺得那是一種享受就成。

李劼人與小雅

成都是個文化異常繁榮的地方，才子佳人輩出不說，就是吃喝玩樂都比別的城市發達。李劼人就是近代成都文壇的一枝奇葩，被稱為「中國的左拉」。法國漢學家溫晉儀認為他的作品是，中國現代文學中「中西影響相融合的一個範例」。然而，現在對他的重視越來越少了，甚至於連他的故居「菱窠」也少有人光顧。不過，這些都無法抵擋他的魅力的。

李劼人是美食家，不僅會吃、懂吃，而且身體力行地從成都大學辭教後，於一九三〇年秋在成都指揮街一一八號自題匾額開了一家叫「小雅」的小餐店，店名取自《詩經》，此事轟動蓉城。當時成都的《新新新聞》等媒體還以「文豪當酒傭」、「成大教授不當教授開酒館，師大學生不當學生當堂倌」為標題爭相炒作，於是更引起不少達官貴人和文化名流都慕名而來，小酒店常常是顧客盈門，店外停滿了小汽車和私包車，其氣勢絕不亞於今天的某些高檔名餐廳。

成都男人大都會做一手好菜，因此也被稱為幸福（粑）耳朵。李劼人是不是（粑）耳朵，不知道。只知道的是他不僅會親自下廚做菜，而且將做菜當作一門學問，認定川菜中

「繁複多變化的手法，不特西洋人莫名其妙，即中國人而無哲學科學頭腦，以及無實地經驗無熟練技巧者，也根本無法名其奧妙。」據說他與夫人自創的家常風味的菜品，如厚皮菜燒豬蹄、粉蒸苕菜、青筍燒雞、夾江腐乳蒸雞蛋、肚絲炒綠豆芽等，均是隨時鮮蔬菜的變換而每週有所不同，讓人感覺新意常在、不落俗套。這裏的常見菜有：蟹羹、酒煮鹽雞、幹燒牛肉、粉蒸苕菜、青筍燒雞、怪味雞、黃花豬肝湯、涼拌芥末寬皮粉等，想來，這樣的餐廳在今天也只有寬窄巷子的詩人李亞偉開的「香積廚」與胡小波開的「上席」可以比擬的。

作為美食家，李劼人做的菜更講究的是技藝的不同，「小雅」也不請大師傅，做菜的大師傅則是李劼人和他的夫人楊叔捃女士，而跑堂的則是李劼人的學生鍾朗華。他的同學李璜說：「劼人觀摩有素，從選料、持刀、調味以及下鍋用鏟的分寸與火候，均操練甚熟。」跟許多師傅相比，他最大的特點不用明油（菜好起鍋時再加油）、不用味精、不用茴香、八角（因有草藥味）。如最受食客青睞的、李劼人設計豆豉蔥燒魚，他用潼川豆豉或者永川豆豉，它們的顆粒大，味既厚又好還香，澆上用生豬油煎的魚，色澤好看，入口又香。大概也算得上川菜中的一絕了。

作家張義奇說，李劼人講川菜如「夫妻肺片」、「毛肚火鍋」、「強盜飯」、「叫花子雞」等，不僅詳細寫出了它們的起源，而且清楚地說明了它們的製作工藝、原料來源、以及受到食客青睞的程度，簡直就是「菜譜中的菜譜」。又比如，談到「涪陵榨菜」，李劼人不但指出了該用什麼樣的原料做榨菜，還明確地糾正了這榨菜的「榨」字是錯的，正確的應該寫成「鮓」或者「酢」；再比如，談到中國菜之所以千變萬化，李劼人認為「只有一字真言：火！」如此精妙的見解，假如沒有作家從實踐到理論的透徹思考，是不可能達到這個爐火純青的境界的。

不過，對沒去「小雅」吃過飯的飲食男女來說，只能想像在那樣的環境裏是如何享受美食的。也許通過這種回憶，可以再現「小雅」當年的風貌。

小吃的往事追憶

不經意間，在成都已經居住了長達10年之久，大致說來，是因為這裏的生活舒適安逸，更是因為這裏有可口的美食。所謂美食，應該是讓人過目不忘，吃過更「難以忘記」的食品，能承擔此道的大眾菜如回鍋肉之類的似乎都算不上什麼，那就要看小吃的如何了。確實，能吃到一種美味，不啻為一種驚喜，並且會有溫馨和華麗的感覺的。

成都的小吃可謂名滿天下，據清末傅崇矩寫的《成都通覽》所載成都小吃達數百種。不少是吃了一次令人還想「什麼時候再來品嚐一番」的念頭。而我與成都的美食的接觸，就是從小吃開始的。回想起來，倒也有不少事情值得說一下了。記得第一次跟同學去總府路吃夫妻肺片時，是我剛到成都不久的事，看了李劼人小說《大波》裏有一段細緻的描述：「用香鹵水煮好，又用熟油辣汁和調料拌得紅彤彤的。牛腦殼皮每片有半個巴掌大，薄得像明角燈片，半透明的膠質體也很像；吃在口裏，又辣、又麻、又香、又有味，不用說了，而且咬得脆砰砰的，極為有趣。這是成都皇城壩回民特製的一種有名小吃，正經名叫『盆盆肉』，渾名叫『兩頭望』，後世稱為牛肉肺片便是。」這樣的場景確實可令人胃口大開。那時，自以為還是個不怕辣的傢伙，結果是剛吃些許即辣得滿頭大汗，那味道到底如何則是無法說得上來了，更令人鬱悶的是，接下來居然拉起了肚子，想來是自己雖然逞強想看一看承受力，到底是肚子吃不消這肺片的緣故。不過，經過長期歷練，現在自然不怕辣了，夫妻肺片也常常吃到，卻依然是滿頭是汗的影像揮之不去。

夫妻肺片怕是成都小吃最辣的一種了。至於鍾水餃則是因為到時任四川省文史館館長的鄧衛中先生家作客吃到的，他這時還是住在提督街，旁邊就是鍾水餃，現在想來也是七八年前的舊事了。在他老先生看來，太麻辣的菜於我這個剛到成都的人是不相宜的，乾脆就在鍾水餃店買些水餃回來，畢竟全國的水餃是相差無幾的，區別僅在皮、料、餡、味上，所以，端回來一大缽水餃，足有三四兩的樣子，另有一碟紅油。於是，沾著紅油，吃將起來，味道與北方水餃差異甚大，卻是微甜帶鹹，兼有辛辣，是以前不曾吃過的，且十分的對胃口，結果是毫不客氣地把那一缽水餃給幹掉了。不過，我對抄手是始終沒有多大興趣的，大抵是因為抄手在北方屬於餛飩系列，幾近於清湯寡水，在老家時就對它不怎麼感冒的緣故。後來也曾專門去吃了幾次，比如紅油抄手、清湯抄手什麼的，也許是火候或選料不精的緣故，總給人一種差強人意的感覺，不說也罷。

說到麵食，面也是有趣事值得一說的。有次，在成都購書中心閒翻書，到了午飯時間，就跑了出來到一飯館吃飯，見有擔擔麵，想必是與北方的大碗麵類同，就只喊了一碗麵，不料，服務員看我的眼神怪怪的，我鬧不明白是怎麼回事，等麵端將出來才發現那是一碗小麵，精緻得不得了。吃完了又要了碗擔擔麵才算勉強得對付過去。後來，知道「擔擔麵」常是由小販挑擔叫賣，才恍然明白它的少而精緻原是不能當正餐的，只能工消遣，難怪服務員會奇怪的看，怕是覺得「這傢伙看上去也不像一碗擔擔麵就能打發的」吧。後來，陸續吃了一些所謂的擔擔麵，豬肉臊子則類似於雜醬麵的一般粗糙，或麵條也粗大，而不是精細那種，味道也大眾多了，想是大規模的經營，需求量上去了，只能如此對付了事。

四川堪稱鍋魁王國，各地城鄉隨處可見不說，不分雅俗人人都吃的奇觀，也算大眾小吃的一種。據說，在成都常見的品種就多達三十多個。街頭巷尾的小吃攤上多有出售。說來，令我感到百轉回腸的還是以前的味道，比如在原來的成都大學旁邊有一小店賣的鍋魁是怎麼吃都不厭倦的，常常到成都大學來玩，不過是為了一嚐鍋魁的美妙，後來那家店搬遷了，就失去了一道美味似的，一直耿耿於懷。直到有次在四川大學的東區郵局旁邊遇見了夢寐以求的鍋魁，香酥是相差無幾，那味兒自是不擺的了，直覺得是滿口生香。常常是鍋魁還沒有新鮮出爐，已經有人在排隊購買。說來，我為此還做過很誇張的事，有次專門從市中心騎著腳踏車跑到川大吃鍋魁，而後再趕回單位上班，去時是滿心的期待，回來又儘是回味，結果弄得是欲罷不能，一到午飯時間沒有胃口了，就跑過去吃鍋魁，記不得有幾次這樣了，如此的回憶是甜蜜而溫潤的。可惜這樣的記憶也在某一天中斷了，那家店居然也不知所蹤。說起來，鍋魁最好的是餅面橙黃色，可時下一些鍋魁卻不是這麼回事，餅色乾黃，吃上去簡直稱得上是味同嚼蠟，特別是在肥腸粉店，能遇到滿意的鍋魁也是十分難得事情，而一口粉一口鍋魁，滿頭大汗，卻又忍不住辣味，不住地唏噓，這種痛快的吃法如今似乎也成為了永遠的念想。

如今不少小吃已經走進了高級餐廳，包裝得很像那麼回事，一脫街頭的寒酸景象，不過，只要品嚐一下就曉得有幾分貨真價實了。我以為，有些味道不錯的小吃是需要到街頭巷尾去尋覓的，比如蛋烘糕常常是街頭吃串串香時的餘興，那時酒已經喝得差不多了，忽然聽到賣蛋烘糕的那種婉轉的叫賣聲，不時夾雜著銅鑼的響聲，直驚為前人筆下的故事，不管是肉餡還是菜餡，皆是小巧玲瓏，香噴噴、金燦燦，綿軟滋潤。但要做到這一步也很考手藝，高手已是出神入化臻於完美，有的小攤高達21種餡兒，可搭配組合出100多種口味，老闆說他最多的時候有50多種餡，這是比較罕見的。不過，蛋烘糕在稍晾溫熱時候吃最相宜，太燙的時候吃，放冷後吃都有失本色。於是，聽到叫賣聲就趕緊喊來一些，這可不是胡亂對付，實則是不管是哪一種類型的都是十分的可口，簡直是無法用筆墨形容，或說舉世無雙也可。要是某一天在吃串串香時，少了蛋烘糕，可真是有說不出的鬱悶：「唉，美食越來越多，卻連蛋烘糕這樣的尋常小吃都難吃到，還有什麼值得一吃的啊」。

不過，傳統小吃的逐漸消失對於我這樣熱愛美食的傢伙來說，每一次的相逢就如同豔遇一般，少不得是見一次親近一分，若是長久不聞不見，不免擔心它們會不會在邊緣化中突然消失掉，更會有相思成災的感慨了。

在美食的迷宮中穿行

吃過美食，也未必是美食家。阿城到成都來，他說想吃雪豆燉豬蹄，直接拉到老媽蹄花，他認真吃完，說，湯裡加水了。至於說到創新川菜吧。阿城絕望地答：連最基本的家常菜都做不好，何談創新？如果民間的美食再消失，幾家高檔餐廳再好吃也不代表成都水平。

在我看來，像阿城這樣的人才算得上美食家，儘管他是二級廚師。這都沒太大的關係。但我們對美食似乎越來越搞不明白了，是不是色彩看上去舒服一些就是美食？是不是味道夠好就算得上美食？我猜想這多少都不能算是評判美食的標準。如果有什麼標準的話，那就應該是原汁原味的了，而不是搞得花裏胡哨，搞得很熱鬧，就成為川菜中的精品。

在成都美食圈混跡了那麼多年，我都不知道怎麼說什麼樣的美食才是美食，有朋友到這兒來，安排的飯局也都相差無幾，不是去老房子在河之洲，就是去吃皇城老媽，就是那幾家館子。早先你去吃過的、俗一點的館子，恩，味道還不錯，但你下次去，說不定就搬家了，或是味道大為改變——現在的飲食店不靠譜的多，連百年老店我都覺得是奢談。更何況現在的美食變化很快，一季有一季的風情，你隔段時間再去，那就是掃好落葉好過冬的感覺，很沒勁的。

這樣的經驗差不多可以用慘不忍睹來形容。現在差不多每家館子都是有招牌菜，但這也不靠譜的很——你點上來一看，總覺得跟想像中有不少的距離，味道不夠的話，至少還有其他辦法補起，它們之所以稱招牌菜只不過是別的菜做的好一點而已，所謂招牌，館子的賣點之一也。於是每次去吃飯，點的都是家常菜，只要是老闆推薦的菜一概不取，總怕端上一盤菜上來倒了自己的胃口。而這家常菜可見真水平，比如青椒土豆絲切、炒的技術要求都不是很高，要做到火候恰到，也不是一天兩天就可以做的。

每次去館子吃飯，差不多都是一次歷險，說得誇張一點，那叫鴻門宴，你永遠不曉得下一個菜是什麼味道，驚喜是越來越難得遇到，倒是驚險每次都少不了。特別是外地朋友到了成都，一上館子，我都忐忑不安，生怕把菜點上來了，看上去也賞心悅目的，最後卻是以尷尬結局。這還是最一般的，更可氣的是，師傅把菜做砸了，他還振振有詞的說，這是新口味。你一問他啥子叫新口味，他立刻回一句：很多客人都喜歡。得，遇上這事，先自己找個臺階下吧，哪怕服務員再熱情地在門口鞠躬「歡迎下次光臨」，拜拜，下次，哼，不會再來你這家館子了，就是下次有免單的可能也要考慮一下是不是心理還承受得起更多的打擊。

這也不是我對飲食多麼的苛刻，實際上就是一餐飯，不管是不是對付過去，總要有點想頭才好。很多館子是不管你吃得是不是舒服都是小事一件，他更關心的是包包的銀子是不是每個月都在漸長。似乎這是一個悖論，市場經濟下，還都不是看銀子說話嘛。

不管如何，在美食的迷宮中穿行，都是需要勇氣的，甚至還需要一些智慧，要不，你一準在這亂七八糟的環境中迷路，找不到美食的方向。更甭說是在去享受美食，也許這就是十分遺憾的事情了，遇到熱情的老闆，你還不能對「你看我們的菜怎麼樣」說句不好的話，否則，那就更是令人難堪的了。

唇齒上的飛吻

一個城市是不是值得令人嚮往，在我看來，並不是其建築多麼雄偉，不是其道路多麼寬廣，而是它有沒有令人心動的人文氣息，更確切的說，是不是那兒的市井風情很別致。這其中的別致最重要的大概就是美食了。

在北方，粗茶淡飯之中有一點油葷，那差不多都算得上是美食了。即便是在中原名城鄭州，也未必有什麼說得上來的美食——這可不是我的個人偏見，「豫菜借中州之地利，得四季之天時，調和鼎鼐，包容五味，以數十種技法炮製數千種菜餚」，唯有麵食為大的吧，一個燴面就絕代風華。另外，在我的印象中，這些美食不是天天吃得成的。一到成都我才曉得，這美食天天吃也沒奈何，只要你肚大能容就成。不過，最令人心癢難耐的則無疑是鴨舌了。鴨舌則是另有一番風情的。美食家方八另來成都，幾個人小聚，點的即是鴨舌，後來他在一篇文章中說：

「對於水鴨身體的一部分——鴨舌，是一樣很小的什物。在中國大地上這麼多的美食之鄉，根本沒有其他地方單獨拿出來做一道菜吃，還是大多數把它夾在鴨肉或者鴨頭裏混合著吃掉，作為食客，什麼也沒感覺到就被帶到腸胃。

端上鴨舌，我就覺得要好好的品嚐一番，對成都的鴨舌做一次細緻、認真的味蕾考察，讓我那品味的思維來給成都鴨舌公證的評價。」

確實，在成都，像鴨舌、鴨唇這類食物都不是稀罕物，儘管這鴨唇通俗一點說，就是鴨下巴，夏天吃冷啖杯必點的菜之一，還有就是花生毛豆，在來一盤豆腐乾，一杯清爽的啤酒，已夠愜意。好多館子似乎都有這道菜，鴨唇是薄薄的一層，味純，鮮嫩軟滑，實乃鴨肉之精華，自古為歷代美食之推崇，但談不上有什麼肉，但對好吃嘴來說，絕不是為那丁點的嫩肉，而是與鴨唇的親密接觸，說的誇張一點，就是一種飛吻。鴨舌更是比這個還要精緻一些，甚至令人想起舌頭的纏綿之類的豔事。

有一回，我們幾個人吃飯，點了份乾鍋鴨唇，但美女怎麼都不敢下筷，原因之一是一想起鴨子的嘴唇，就覺得有一種非禮鴨子的感覺。看著我們一邊大快朵頤，一邊又高呼過癮，也就忍不住口水三千尺了，最後還是忍不住來了一份，才算體驗了成都的美食。另外，成都的廚師還能鴨唇兔頭合炒，奇怪的恰似亂劈柴，圖的是既吃了鴨唇又吃了兔頭，那滋味兒，是幹鍋，又宛若一首曲兒，卻能給人不少想像的空間。不過，要是遇上袁枚，一定臭罵一頓，鴨唇沒鴨唇的味，兔頭沒兔頭的味，簡直是亂燉、瞎搞。有時，吃這些東西時遇上了詩人，少不得口占一絕，就更增添了品嚐美食的氛圍，詩人白鶴林說，通過上升，我們找到了／那些比光影還輕的夢境／通過眼睛，我們找到了／小徑分岔處迷失的大師。

古典美食家一定會告訴你，吃鴨唇，是很奇妙的事，要有舒緩的音樂，配以慢動作，一點點的吃去。若是拿起一條鴨唇，大塊吃肉一般的豪情，一定是要大上其當，因為盡其所能也吃不了多少東西的。旁邊若是有食客瞅到這誇張的場面，也會落下一個暴殄天物的惡名。

好在，現在飲食江湖流行的新派，早沒了那些老規矩，不管是否美食，吃得不再是那味道，更在乎的是吃的氛圍，吃的舒服。哪兒還顧得上是不是優雅，哪怕就是一個飛吻，在唇齒間也難以留下印痕，這是速食時代的遮影。

偶是好人

喝酒吃飯的事情每週都要例行公事的來那麼幾回，這不是因為腐敗，而是有些事情必須在這個場合才可以說。每每遇到這樣的飯局，都覺得是一場戰鬥，要衝鋒在前，不能退後的，即便退後也是無路可退的，至於說「山無絕人之路」似乎還從來沒有遇到過。更別說「柳暗花明又一村」了。

且說有那麼一次，幾個哥們在城南的一家火鍋店吃飯，一起喝酒，有一美眉相陪。那天肯定喝了不少酒，因為喝到最後是什麼事情記不得了，奇怪的是越聊越投緣那種，這種場合惟有用酒才可以說的清楚吧。所以，沒有酒了再喊上來，大家頻頻舉杯，高唱著戰歌，一副天不怕地不怕的樣子。當然，我一向還是有點酒量了，就毫不猶豫地喝開了。但是大家卻喝得不怎麼起勁，有個哥們就開始講起段子，這樣子氣氛才活躍了些。酒是沒完沒了的喝下去，我很快頭大了，但還是要硬撐下去。

美眉喝酒也是很豪爽的人，其實，在這種氛圍裏即便不很豪爽的人也會豪爽起來，這絕對不是酒精的作用，我相信是大家骨子都有那種豪情在的。美眉早就把我盯上了，當然這無關情色，雖然我們是第一次見面，但從場面一看就曉得到底是怎麼樣的酒鬼了。我們對喝呀，那時我感到舒服極了，話也就不由自主地多了起來，儘管我已經經過無數次酒場，閱美女無數，我得承認是很難有美眉能和我相撞出「酒花」來。

後來，喝了N瓶啤酒之後，大家就換個場地，繼續喝下去。在這時我常常是打腫臉充胖子，很少提前退場的，就跟著過去，美眉也是。當然，這時大家喝酒的興致低了些，主要是聊天，聊得什麼，也沒記得了。有支持不住的開始陸陸續續地離去。

美眉肯定也喝了不少酒，我說，我送你回吧。一個哥們說，有想法了是不是？怎麼能這樣啊。你們走了，把我們丟在這兒。我說，別別，送女孩回家是男士應該盡的義務的嘛。哥們說，不行不行。我說那就繼續喝，美眉要走了，我去送，哥們攔著非不讓送，我生氣了，說，再這樣就不是哥們了。哥們說，不是就不是，絕對不能讓你的陰謀得逞！

得，我沒語言了。我想起了狗子在《一個啤酒主義者的獨白》中說，酒後上床睡覺，這完全違背啤酒主義精神的，啤酒讓人想不起「那事」，啤酒主義精神需要更廣闊的天地更劇烈的運動……於是，就只好自己走算了。

有好長時間沒見著那哥們了，儘管我們都在一個圈子裏喝酒、聊天。有次，不知怎麼又撞見了。他開口就說，不好意思啊，上次的事……我說沒事沒事，都過去了。我們還是哥們嘛。他聽我這樣說，也就說，我們是好兄弟。我說，偶是好人。他說不說那些了，喝酒喝酒。然後就大杯的喝酒，一切盡在不言中。

就這麼著，和這個哥們越喝越鐵了。至於過去發生了什麼事，那有什麼關係啊，都不必去管他了。像這樣的事我還遇到好多起。有次，跟幾個朋友在龍泉參加活動。吃過晚飯，幾個人意猶未盡，回到房間繼續喝酒。開初，內江油畫家張毅不喝酒，等到我們喝到差不多的時候了，他就開始喝起來，結果是弄得大家都不愉快，但這無妨大家以後有空坐在一起喝酒的。

估計，這不能算是酒後識英雄的。只是自己往往在喝酒上比較愛較真，同樣的酒力，我乾杯了，你不乾杯就是不耿直，這喝酒沒什麼好商量的，最後是以醉酒結束罷了，那就不大好玩了。

不在茶館，就在去茶館的路上

南朝有四百八十寺，成都的茶館不下三萬家。所以成都人常常說，成都有三多：茶館多，廁所多，閒人多。早些時候，更是有「一市居民半茶客」的說法。對今天的成都人而言，不泡茶館，簡直是無法享受到成都的好生活。

對一個在成都居住十年的人來說，變化最大的除了對美食的熱愛之外，就是對茶館生活，已經無比的熟悉不說，還能在氤氳的氣息中嚐到北方所欠缺的溫潤。這在以前是無從體味的，到了成都，才學會慢慢浸泡在茶碗裏。成都的茶館多，大街小巷，無不有其身影，成都人因此很自豪地將茶館稱為自家的第二客廳。這不為別的，在茶館喝茶，比在家裏舒坦，是因為在這裏少了一分拘束，而且還能耍（玩）得高興，如果興趣好的話，還可以呼朋引伴，聚在茶館，哪家的客廳都比不上一個茶館大的嘛。

成都的茶館千差萬別，民國時期黃炎培訪問成都時，寫有一首打油詩描繪成都人日常生活的閒逸，其中兩句是：「一個人無事大街數石板，兩個人進茶鋪從早坐到晚」。薛紹銘也發現，「住在成都的人家，有許多是終日不舉火，他們的飲食問題，是靠飯館、茶館來解決。在飯館吃罷飯，必再到茶館去喝茶，這是成都每一個人的生活程式。飯吃的還快一點，喝茶是「一坐三四個鐘點」。這種現象至今依然出現在成都的市民生活中，似乎從來沒有改變過。

在前幾年的成都，一碗茶水不過三兩元，現在漲了，也不過十塊八塊的。當然，高檔的茶樓除外。春天幾個人坐在府南河邊喝茶，望一江春水向東流；夏天，自然躲在有空調的茶館裏，或跑到有樹陰的茶館裏去，邊喝茶邊打望外面的風景，也是有趣的；到了秋天，自然還是選擇在河邊比較安逸一些，至於冬天，成都是一出太陽就像過節一般，上班的、不上班的都會找個理由出來喝茶、曬太陽。這時的農家樂也會對專門跑過來曬太陽的人收費的：每客五元。

如果說，成都人僅僅是喝茶才泡在茶館裏，那可就錯了。因為成都人不但把茶館當成第二客廳，更為誇張的是當作第二辦公區。每天有十六萬人在茶館上班，談合作、簽合同……對一些創意公司而言，老闆是常常把員工拉到茶館裏，許多創意就從茶館裏出來了。

於是，在這樣的語境，成都人把茶館的功能泛化了，不再是單純喝茶的地方，要說成都的人閒，表面上看確是如此，但閒的背後都有著一群忙碌的身影：

不在茶館，就在去茶館的路上。

茶館裏承載的一個城市的生產力。這是不可想像的事，即便是在同樣稱為休閒城市的杭州，都無法體味到成都人的這種「閒」的無限味道。茶館在成都，不僅是一道風景，也是傳承著一個城市的文化。

成都人的茶具跟外地也是大不一樣的，一般由茶碗、茶蓋和茶船（即茶託或茶盤）組成，川人稱其為「蓋碗茶」。桌椅也有地方色彩，一般是小木桌和有扶手的竹椅。堂倌是成都茶館文化的重要角色，其或稱「麼師」，更有人冠之為「茶博士」。堂倌是成都茶館的「靈魂」，美國學者王笛在《街頭文化》一書中說：最為人們稱道的是他們的摻茶技術。堂倌一手提紫銅茶壺，另一手托一疊茶具，經常多達二十餘套。未及靠近桌子，他便把茶船茶碗撒到桌面，茶碗不偏不倚飛進茶船，而且剛好一人面前一副。顧客要求的不同種類的茶也分毫不差。只見他距數尺之外一提茶壺，開水像銀蛇飛入茶碗，無一滴水濺到桌面。然後他向前一步，用小指把茶蓋——勾入茶碗。整個過程一氣呵成，令外鄉人瞠目結舌。而這樣的手藝如今已經淪落為表演了，而且大多是給外地遊客觀看的，在今天的順興老茶館還依稀能看到。

另外，茶館中還成為學術交流的園地。比如在大慈寺的茶館裏，每週二的上午，流沙河先生會準時出現在這裏，成都的學人、藏書家、藝術家都會過來擺龍門陣，談學術，也擺掌故，至今已舉行了近百次。因而，有想拜訪流沙河先生的外地朋友，我們常常推薦他到大慈寺的茶館裏等著就是了。在城西的青羊宮每週四同樣聚集著成都的一批學人，他們或為老專家老學者，或為名學者的後裔，他們的聚會更多的是學術上交流，有什麼作品寫出來，先在這裏讓同行指點一下，看看是否嚴謹。這樣的交流在女詩人中也是如此，每月的十五日，她們找家茶館聚會，討論詩藝。

不在茶館，就在去茶館的路上。事實上是，成都人把茶館當成了一種生活方式。

飲茶小記

茶趣

關於吃茶，有不少妙文記載，在我看來，讀這樣的文字，仿若是大家聚攏在一起，談吐風雅，而又不乏妙意。這樣的聚會是令人欣喜而神往的，也是吃茶的境界。

《紅樓夢》的第六十三回，林之孝查夜經過怡紅院，只聽見寶玉說：「今兒因吃了面怕停住食，所以多玩一會子。」林即對襲人說：「該沏些個普洱茶吃。」襲人忙笑說：「沏了一盅子女兒茶，已經吃過兩碗了。」而女兒茶，香港稱之為「白針金蓮」，是普洱茶中的極品，第一次知道普洱茶即緣於此。那時頗不懂得它的妙處，想來，不過是平常一盞茶而已。

王安石云，茶之為用，等於米鹽，不可一日無。在都市生活中，忙碌而有趣的生活，大約是兩三好友在一起聚談，飲一杯清茶，曬著太陽，倒是難得的享受了。吃茶在我，更為喜歡的是「矮紙斜行閒作草，晴窗細乳戲分茶」。這種景況，是十分難得的享受，想要有這種閒暇，對我等上班族而言，簡直是一種奢侈。

有時，幾個人到河邊的茶鋪吃茶，也是忙裏偷閒那種，坐不了一陣，一個電話過來，就匆匆地離去。畢竟生活事大，吃茶事小。這其中的趣事，與遺憾相比，實在是少的多了。知堂老人說的那些話就像前塵舊影：喝茶當於瓦屋紙窗之下，清泉綠茶，用素雅的陶瓷茶具，同二三人同飲，得半日之閒，可抵上十年塵夢。

古人吃茶的趣味是無窮的，如有詩詠茶曰：從來名士能評水，自古高人愛鬥茶的嘛。宋人唐庚在《鬥茶記》中說：「予為取龍塘水烹之，而第其品，以某為上，某次之。」這種鬥茶法去今久矣。如我等俗人，所謂的吃茶，不過是跑到茶鋪裏，隨意吃一杯茶。那場景也是頗為熱鬧，也不過是打牌而已，哪兒有什麼雅興做這等事。即便是有人帶一包茶來，說的是大家一起分享，也會假模假樣地品嚐一下，嗅一下茶香，但那多少也有敷衍的味道吧。哪兒談得上品賞。這種俗而又俗的茶事，不說也罷。

知堂老人說，茶道的意思，用平凡的話來說，可以稱作「忙裏偷閒，苦中作樂」，在不完全的現世享樂一點美和諧，在剎那間體會永久。大抵東方哲學既是如此，不像西方人的思維。岡倉覺三在《茶之書》裏很巧妙地稱之曰「自然主義的茶」。也是很得東方之味的。

有時間我就泡在茶館裏，看茶博士的手藝，在那點滴的動作中，細微而又嫻熟，透著文化的氣息來，常常我在看著時不覺得癡呆了。到底是今人的吃茶，與古人相去甚遠。詩人車前子曾說，一個人在家裏吃，冬天守著火爐，夏天守著樹蔭；幾個人在外面吃，春天望著鮮花，秋天望著巧雲。這是蘇州的吃法，正如他文章的寫意，很得茶的意境：像給老杜的「夜雨剪春韭，新炊間黃粱」作箋作注，箋注一大堆，略過它，就能聽到夜雨的響、看到春韭的綠、聞到新炊的香、想到黃粱的空，前夢吃茶，後夢吃酒，夢醒後吃醋。那天，我一個人在家，太陽剛好，拿一卷書，到樓頂邊曬太陽，邊品味一杯清茶，倒也怡然自得，一會即恍然入夢，又是跟一眾友人在一起喝茶談天。

飲茶記

成都的茶館多，「有座、有茶、有趣」。在民間常流傳著這樣的段子：

有個人喜歡「繃面子」。有一天，他在茶館喝茶，茶客們抱怨生活艱苦，每天只能泡菜下飯。他卻說：「只怪你們不會過日子。我不但一天三頓白米乾飯，而且頓頓吃肉。」別人不相信，他就撅起油得發亮的嘴唇，就像他剛剛吃過肉一般。不一會兒，他兒子衝進茶館，焦急地大喊：「爸爸，你的那塊肉遭貓偷吃了。」他裝著若無其事，一邊給兒子使眼色，一邊問兒子：「是偷吃三斤的那塊？還是五斤的那塊？」兒子沒明白父親的暗示，就說：「哪有三斤、五斤的肉啊！就是你留下來抹嘴皮子的那二兩泡泡肉！」那人氣急了，打了他兒子一耳光，兒子大哭：「是貓偷的，又不是我偷的。」眾人聽了，哈哈大笑不已。每個星期，都花點時間待在茶館裏，不是專門去喝茶，就是幾個人在茶館裏坐一坐，聊下天的吧。這在成都，幾乎成為了習慣。

開初，我跟朋友聚會大都是如此，一杯毛峰或素茶，都可以打發一個下午，直到茶水漸漸失去了味道，從釅濃到清白，也是一種享受了吧。完了，幾個人去小館子吃飯，再散了。這樣的喝茶，大概在外地少見吧。

後來，大家喝著這樣的茶，覺得沒啥子味道了，乾脆換種喝法，比如鐵觀音或碧螺春，都各有味道，但對一個茶客來說，應該是有一種博愛精神的，不能是喜歡一種茶，把另外的都看不上了。但我喝不習慣這些，不得不割愛。而遇到普洱茶，是偶然的，大約也是必然的吧。

前段時間，我所在的單位開了家茶館，只賣普洱茶。這對於美食主義者如我這樣的人來說，是再好不過的事情了。畢竟出單位不多遠就能喝茶，也可以說是繁忙工作中的休閒了。

飲茶，還是大有學問，因環境的不同，即便是同一類茶，也會喝出不同的味道來。最為享受的飲茶是在露天的茶鋪或河邊裏，曬著太陽，聊著天兒。可現在，隨著都市的發展，這樣的地方越來越少了，於是，去茶館飲茶，但我卻不大習慣這樣的環境，大概是因為地方太小，似乎難以透出氣來。而且，茶館裏的人多，且各種聲音夾雜在一起，比市場還嘈雜，這是我所不喜歡的。

有段時間，我乾脆不去茶館喝茶了。自己把茶水擺在自家的樓頂上，邊曬著太陽，邊聽著音樂，手持一卷詩文，一個人靜靜的，即便是發發呆，也是適宜的，不過，有時會有「醉」的感覺。這讓我想起唐朝詩人盧仝飲茶時有個奇特的規定：每次不喝第七碗，否則就會喝醉。他在《飲茶歌》中曾這樣描繪：「七碗吃不得，唯覺兩腋習習清風生。」大概，現在是能醉茶的人是越來越少了吧。

但是，在喝普洱茶的過程中，確有使人「沉醉」的。比如我在茶館裏飲茶，不但要有舒緩的音樂，更要有上好的手藝。這都是飲普洱茶的基本要求，要不，即使是再好的茶，怕也有幾分難堪了。對於手藝，我是一竅不通，所以只能欣賞別人的，很顯然，這算不得茶客的吧，更何況，說起茶道來，我也未必比別人懂得多少。

每每在工作之餘，跑到茶館裏，飲一氣茶，在茶香中將緊張的心情放鬆，而後，再回來繼續忙自己的事情。喝普洱茶的日子久了，自然產生了些許情結。再出去飲茶，看著菊花茶或綠茶淡淡的色彩，遠沒有普洱茶的茶湯那麼濃厚而誘人，不僅會皺一下眉頭。好在這樣的事情都是飲茶的閒趣，若是只喝一種茶的話，即便自稱為茶客，大概也算不上的。在我看來，作為茶客當然是要懂得飲茶之道，更要懂得欣賞每種茶的境界。

與李西閩喝茶

在網上待久了。認識的人自然就多。不過，人與人的相遇是有著機緣的，該怎麼認識似乎早就註定了的。那天，麓山國際社區的A４畫廊搞《現在的我們》新書發表會。作者剛好是我的朋友、詩人王國平，就過去看看。不看不知道，一看嚇一跳，參加活動的都是作家、詩人、藝術家，大家三三兩兩地扎堆在書吧裏閒聊。我去的較晚，就隨便找了個位置坐下來。

坐在一塊的有畫家汪念先、詩人蔣藍、白郎，有位記者是從桂林過來的張迪，跟詩人劉春同事，還有一位，一時沒認出來。他們喊李老師，我想了半天也沒想出來是哪位李老師。蔣藍說，他就是去年五一二大地震困在銀廠溝長達七十六個小時的李西閩。這麼一說，我就想起來了。當時這事在好幾個網站發帖，營救。不過，這時我還是沒跟印象中的李西閩對上號。我覺得「恐怖大王」不是這個造型的——如果你不留意，絕對要把他當成一個進城的農民——樸素極了。

大家喝茶、聊天。李西閩簡單地回顧了下地震時的場景，他說，去銀廠溝的前幾天，就感覺很不好，必須得回去，後來想著來一次也不是很容易的事，就去了……雖然都是過去式了，很顯然還有地震後遺症，在五一二地震一周年之際，他提早到成都，到處轉轉——找尋一下記憶。茶是很一般的茶，喝起來味道也就一般，好像是素毛峰。至少沒給我撂下什麼印象。這倒讓我羨慕裴中丞起來了，他說：「余昨日過隨園，才吃一杯好茶。」我跟他交換下名片。哦，我知道你。他接過名片，笑著說。也許是同混在天涯社區吧。我問他，這次來成都，一定感觸不少？是啊，我都把成都當第二故鄉了。他說道。就這樣有一搭沒一搭的聊著，好像認識很久了似的。

隨和，樸素，沈默。李西閩就是這麼一個人。他如果擺下明星的架子，想必也不是過分的，就他的數十部小說來說，那可都是很有影響力的。活動中有一項是看書中的採訪DVD，我跟李西閩坐在一起，彷彿又回到了去年，那一場無法忘懷的記憶，誰也沒說話，其實有許多話都在沈默中表露無疑了。

大家回到了書吧。依然是喝茶、閒聊，氣氛很好。李西閩問了我工作的事。可惜我沒帶雜誌出來，要不也可以討論一番的吧。然後還是沈默，我不知道他是在回憶，還是在思考。我又把杯子的水加滿，茶更淡了一些。他問服務員，這裏有我的小說嗎？沒有。他在每個書架上看，找了一圈，沒找見。這書吧只有跟亦舒有關的書，小說是沒有的，慕容雪村的也沒。我問了什麼，他簡單地答了幾句。然後是沈默，喝茶。就這氛圍，有點散漫，感覺卻是很好的。

坐了差不多大半個下午了。因為還有一個活動要趕過去，就提前走了。約著有時間再一起喝茶，聊天，當然少不得吃飯。

禪茶一味，更多的時候，是在喝茶的環境、氛圍，在這個成都的郊區，一個別墅群的畫廊裏，能有一個下午，安靜地喝茶，是很幸福的事吧。

紅茶的光與影

楊絳在《我們仨》寫道，她們的早飯吃的是紅茶、麵包、黃油什麼的。而她那時遠赴英倫，想必是英國紅茶了。一杯愜意的英國紅茶，曾經傾倒過無數的皇家貴族，更為英國紅茶增添迷人色彩。如今，在某個悠然輕鬆的時刻，坐在陽光燦爛的的空間裏，享用一杯獨特的英國紅茶已成為高品質生活的標誌。當然我們品不了英國紅茶的紳士風度，卻也多少能領略紅茶的風采，且不說這是不是高品質的生活。因此，喝茶，不管是中國茶，還是英國紅茶，講究的就是一個環境氛圍中的舒適、安閒。

以前，喝茶於我不過是口渴之後的牛飲一番而已，哪兒顧及其他的事，更甭說往高深了想。科學家說這要不得，但對於口渴至極的人來說，這沒有什麼要得要不得的，再說在老家所謂的喝茶，也不過是一杯白開水，裏面沒有茶葉不說，就是茶水也不是每天都必備的。後來，才學著喝茶，也不過是些花茶、綠茶之類的朝三暮四地亂喝一氣，茶道什麼的看了覺得甚好，但喝茶依然故我，總覺得自己進不了那樣的境界。直到某一天遇到紅茶中的閩中紅茶，才曉得原來茶可以泡出如此驚豔的色彩：絢麗而不乏溫馨，這樣的色調總讓人聯想點什麼，這有些像詩人所說的那樣的妙絕：紅茶加檸檬的色彩，便化作了眸中升騰的華霧。

於是，就愛上了紅茶。不是為了喝茶的那個調調，亦不是為了顯示點文化什麼的，實則是在那紅豔的湯色，彷彿歲月有了停住，打量一下生活，然後把日子變慢的感覺。最好是與朋友一起分享，但時下到茶館去，不是遇見鬥地主就是打麻將的，在這樣的場合喝茶，特別是紅茶，多少是會破壞它的韻味的。

如果要舉行茶會的話，最好還是選擇一個比較私隱的地方，三兩個知己，一杯紅茶，倒也能消磨不少的時光，外面的是是非非，都好像遠離了自己似的。在這樣的環境中，也許才能品出茶的三味。前一段時間，我跟幾個朋友常扎堆在一起泡紅茶，也就是喝喝茶，聊聊天而已，倒很有點古道茶風了的味道，引起不少人的羨慕，「哎呀，神仙的生活也不過如此的吧」。這沒什麼大不了，我更樂意這樣想像，只消有時間和那份心情，不管是在什麼時候或地點，都會品出它的味道來。至於是不是只有跑到茶樓裏，端坐下來，才能有喝喝茶的感覺，我以為都可能是誤讀了茶。

有一個搞藝術的朋友原來對咖啡迷得三迷五道的，買了咖啡豆，聽說是原產地的，其他工具也一一配齊，儼然是咖啡專家似的。端的是之前的小資迷過一段時間這東西之外，至今如我輩無法歸類的傢伙也不見得喝了就會上癮。不是我不夠積極向上，實在是怕在這麻煩的操作中，早已忘記了喝茶的趣味。哪兒還顧及最後的味道是不是最純正的呢？所以，還是老老實實泡紅茶，省事，也能體味到茶作為悠久的文化存在的道理。比較而言，早先的英國紅茶與我們的喝法也許是相類似的吧，不過是在日後起了轉化而已。

喝茶成為了時下都市人生活方式。那麼紅茶呢？大抵是在紅紅的湯色中，看得出歲月的光和影在浮沉，多少前塵往事似乎都不必再提起，正所謂有時候，品一壺茶如品一段情感。淡中有思，有思則悟。原來，喝茶也是需要些時間和功夫的，才能明白在茶中沉浮的是文化的傳承。

為了忘卻的晚餐

晚餐和誰吃，在我總是一個不大不小的問題。這麼說，似乎飯局是可選擇的餘地是不少的。比如有位美女，大家公認的她是那種溫柔的，說話也和風細雨的，可是一到晚餐時間，她就有說不完的話，嘮嘮叨叨，真不能想像之前的溫柔是不是裝出來的。我覺得這有些過分，吃飯不是去聽人嘮叨的，幹嗎把一頓簡單的飯搞的那麼複雜呢。當然，在跟她吃過幾次之後就不樂意共進晚餐了，儘管我十分樂意跟美女在一起晚餐。

圈圈有次調查一些男女怎麼安排晚餐的問題，很有趣，有些傢伙看上去挺文青的，喜歡跟美女一起吃，否則吃不下飯，有的更乾脆地說，一個人晚餐是可恥的，那樣子看上去都有些看著美女就流口水的傢伙了。最為搞笑的是，有個男青年，寫字的，寫的小說很厲害的那種，經常活動在酒吧、飯局之間，有次，他約一女的，不料，人家早就知道了：這樣的飯局是危險的。於是，男作家的惡名（應該是美名的吧）遠播，不少女青年都知道這回事，再遇上約會，估計都得考慮由此產生的機會成本了。

晚餐應該是溫馨的，浪漫不浪漫倒不重要。選一個人晚餐，最近我發現也是很困難的事，比如有的傢伙不喝酒，我覺得是無趣的；有的傢伙不吃葷，我覺得是沒道理的；有的傢伙更為過分，本來好好一頓晚餐，弄得我都沒有心情吃下去了，至於原因是各種各樣的。遇到這樣的事，是很麻煩的。不過，男人在一起晚餐，更恰當的說法應該是吃飯，喝酒是豪爽的，就是梁山好漢的大碗喝酒、大塊吃肉那種。但這樣的風氣越來越壞了，大家都找個理由偽裝起來，讓你看不明白，所以，這樣有意思的飯局也越來越少了。這是一個最糟的時代，這也是一個最好的時代。

我說的是，最好與美女在一起晚餐的。我覺得吃飯就是那麼一回事，去雅的地方，卻怕美女俗了；去俗的地方，卻怕美女喜歡高雅，遇到這種情況，就把決定權交給美女好了，要不，她選的地方，你覺得不大滿意，就可支吾一番，這個地方，唔，衛生不大好，或太吵鬧之類的話都可以說的過去，因為很少有美女會跟一位男士到很鬧亂的地方晚餐的。當然，如果她喜歡，那也是沒有辦法的事。

最近，與美女一起晚餐是在一個鬧市區，那裏我是很少去的，太吵鬧了不說，我實在是怕在那種地方的東西吃了回來會拉肚子，這樣的事誰都會遇到幾次的吧。不過，到了那個地方，才發現環境確實很好，就在於能鬧中取靜，外面的人來人往都跟自己無關，優雅地說著什麼，晚餐不算精美，但很別致，這種情況是很少有的，而最令人感到舒心的是，這裏的環境不錯。我不禁打算下次向女友（女性朋友是不是可以簡稱為女友呢）推薦這個地方了。

一個人的晚餐也很不錯，至少可以安安靜靜地吃呀。比如說，喝酒本來也是很私人的事，一個人也不壞的嘛，我最怕自己剛開了一瓶酒，然後旁邊有人說，你又喝酒了啊。別提了，那吃飯的氛圍就被無緣無故的破壞掉了。所以，實在是想不出怎麼去晚餐的時候，就一個人呆在餐廳裏，偶爾吃飯，偶爾喝酒，偶爾眺望別處，說不定還可以遇上個美女勾兌，那隨心自在是多麼美妙的事情啊。

不過，這樣的機遇是越來越少了。一個人總在外面「晃」在更多的人眼裏就是不務正業，就是一個具有漂泊感的人。

父親的饅頭

在成都不知不覺已生活了好幾個年頭。由起初不習慣這裏的飲食，到喜歡這裏的飲食，好像這只是彈指一揮間的事情。但我對成都饅頭的不習慣，卻與日俱增起來，早先食堂的饅頭蒸出來的，多少是怪頭怪腦的，怎麼看都不舒服，為了親愛的麵食，不得不吃下去，後來也沒怎麼改觀的。

因為我是北方人，長期以麵食為主，對饅頭自然情有獨鍾。然而，要是你想在成都街頭的饅頭店裏買到稱心如意的饅頭，那也真是一件不太容易的事情。無論是當地人還是外地人做的饅頭，大都存在著放堿過多的問題，即使手工製作的饅頭也是如此，更為過分的是，店家把饅頭做的奇形怪狀，以此來顯示饅頭的不同，這樣的饅頭是不是有藝術價值我不知道，就是吃起來，恐怕也高雅不到哪兒去的。因此，選擇有好饅頭賣的菜市場便成了我搬家的首要條件，但我至今仍未找到有好饅頭賣的菜市場。於是，我便越來越想念父親做的饅頭——父親做的饅頭是那樣的好吃，甚至讓人看著也覺得舒心。

父親是什麼時候開始做饅頭的，我不知道。但是自從我記事起，村裏或鄰村的鄉親們凡有紅白喜事，都會請父親去做饅頭。做饅頭看起來簡單，其實不然。雖然家家戶戶都會做，但做得好的饅頭卻不多。父親做饅頭有一套他的方法：先是根據酒席上的人數來確定用麵量，再用小缸和麵，調製發酵麵團。在餳麵、施堿方面又因氣候而異，蒸製時又善於掌握火候。這樣做出來的饅頭色澤潔白，形狀飽滿，暄軟適口，從不給酒席主人的臉上抹黑。不經意間，父親做的饅頭名聲在外了。左鄰右舍凡遇紅白喜事，做饅頭就成了父親的專利。當然，這也給我們家增添了光彩。

儘管父親的饅頭做得很好，但卻很少在家裏露一手，只是逢年過節他才樂意在家裏做一回。親朋好友吃過饅頭後都稱讚父親的手藝，然後又回去告訴他們的親友。這樣，父親做饅頭的名聲就傳得更遠了。當然，在老家像父親這樣做酒席的鄉廚子是沒有什麼勞務費的，主人大都是給鄉廚子送上一條好煙，或者是送上一些毛巾之類的物什。父親喜歡抽煙，別人送香煙他自然十分高興了。我記得那時父親抽的煙大都是出去做酒席時掙回來的。

今年春節，我回到了老家。村裏雖然又有人辦酒席，但是父親卻閒在家裏，並沒有去為他們做饅頭。我不禁感到奇怪。父親卻笑著說：「現在酒席要的饅頭都是機器做的了，這樣省事。」我看出父親的笑容有點苦澀，就好像「下崗」工人一樣。父親雖然不再做饅頭了，但他卻常常聽見別人說，還是他做的饅頭好吃。不知這是對他的一種安慰呢，還是替他感到惋惜。這只不過是鄉村變遷的一景吧。

就我做饅頭的水平，沒有繼承父親的手藝，不能說做的太難看，但好是絕對稱不上的。最近我一直在想，什麼時候我乾脆把父親從老家接出來，到成都來開一家饅頭店，保準生意會很紅火。只是我不知道父親願意不願意。

我們的生活越來越現代化了，以至於飲食起居都標準化了。這樣下來，生活固然規範了，卻缺乏了一種錯落的層次美。對於飲食來說，更是如此的吧，我們的選擇看似豐富了許多，但仔細算下來，這只不過是在手工與機器之間選擇罷了。

又到香椿飄香時

露天香椿開始萌動，香椿——這一早春鮮菜擺上了城鄉居民的飯桌。我還在老家生活的時候，屋前屋後幾乎被父親種滿了香椿樹。夏天，沒有什麼可就饅頭的菜，就摘一些香椿葉回來，加上蒜，搗成爛泥，也是很不錯的吃物。如果是吃涼麵，放上香椿葉，味道就豐富的多。

香椿在每年三月、四月間有十天的最佳採摘期，所獲為上品；一星期後在舊茬上又有新葉長出，所獲為二等品；半月後再長出的新葉則為次品了。三茬過後，樹才開始自己身體的正常生長。因而，那嫩綠的椿芽總讓我們一次吃個夠。簡直多到吃不完的地步，於是，父親便拿到街上去賣，他也不是做生意的料，只要別人給些錢，不講貴賤都賣出去的。與其說是賣香椿，倒不如說是跟更多的人分享春天的野菜罷了。

香椿嫩芽脆嫩多汁，色澤鮮美，具有獨特的濃郁香氣；香椿的營養價值和經濟價值均極高——其蛋白質、維生素C含量居群蔬之首，其樹皮、根皮、種子均為上品藥材。我十分喜食香椿，逐漸摸索出不少的吃法，但說來還都是從父親那裏學到的。在不少美食家看來，美食最好吃的做法不是將美食做的過程越來越複雜，而是減法。但實際上我們對許多美食的要求是越來越複雜，以至於它們的本味消失在複雜之中了。這大概是得不償失的事，不過，我們的廚師似乎對此不以為然，只要菜賣得起價錢就夠了。

香椿在春天可謂一道不可多得的美味。給我的印象是怎麼吃都是件很舒服的事情。比如香椿拌涼麵，把香椿和蒜一塊搗碎，加少量香油、醬油和鹽，再倒些開水，配成香椿蒜汁。也很有風味。那種香氣撲面而來，令人為之精神一爽。而香椿泥就是把香椿加鹽搗碎（也可以加辣椒），再加少許香油即可。則可以說是吃饅頭的佳品了。邊吃饅頭邊吃香椿泥的味道也是不擺了，很得香椿的精髓。

父親每年都會把香椿醃起來，先將香椿洗淨，控幹水分，加適量精鹽一塊搓揉，使鹽充分滲入到香椿裏，然後將搓好的香椿放入容器內，蓋好蓋子，三天到五天即可食用。這樣，一年到頭都能吃到香椿的了。那天在香積廚吃飯，兒童詩人孫建軍見一盤涼拌的椿芽，就大驚小怪的說：哎呀，我還從來沒吃過這樣的做法。然後是一邊吃一邊感歎。我坐在一旁想笑，沒好意思笑出來，心想：這有什麼啊，其做法跟其他涼拌菜相差無幾的嘛。

這些當然是最簡單的做法，更好的我想還是香椿炒雞蛋，即把香椿切碎，雞蛋打在碗內，倒入香椿拌勻，待炒時加些鹽和香油等作料，油熱後倒入鍋內炒熟即可。香椿餅，將香椿去筋切碎，另用水加適量麵粉和成糊狀（稍稀），放入香椿拌勻，攤在平底鍋上，兩面翻烙熟後出鍋。這種做法雖然麻煩一些，卻可以品味出香椿的別樣滋味也是很好的事情，而香椿能因此稱為妙品也是自然而然的了。

香椿拌豆腐，雖然看似簡單，但要做的可口，還是不容易的。曾經我見過一位師傅將香椿涼拌豆腐，只是簡單地加些作料拌一些，卻更加突出它的香嫩。我回家依他的方法做了起來，卻總顯不出香嫩來。也許是我的技術太差的緣故吧，不過，也有可能是自己還沒懂得美食的訣竅。我如此安慰自己說，但仍有一絲的遺憾在。事實上，我對香椿的熱愛遠不止這些，更多的是它帶給我的生活享受。

食林漫步

蹺腳牛肉

某一天下午的五點過，忙完了事情，還沒下班，就趕到海椒市的龍頭蹺腳牛肉占位置，居然那天的人不是很多，好在有了位置都安心了些，至少不必排位了。等我們吃完了，還沒走，服務員就喊收拾桌子了。這樣的事在這裏常遇到。所以，來這裏吃飯最好有兩手準備：趕早、趁晚。

朋友黨鵬的家就在隔壁子。所以每次在這裏吃飯都要聚在一起。每次他都是說，這裏的服務不是很好，質量卻絕對靠譜。有次，他生氣了，對服務員說，要不，下次我喊十個乞丐來你這吃飯，一人占一張桌子，看你還這樣服務不。這都是隨便說說的話，沒見他真的這麼做，可見到了成都，外地的男人也多少學會了「假打」。排隊吃飯自然是免不了的。在成都吃飯是常常要遇到的事，哪怕是火鍋店都要如此。

這裏有沒有包間，也就無所謂了。大廳裏坐滿了人，人聲鼎沸不說，吃飯都要出一身汗的。這裏坐不下，還可以到後面的院子裏坐，似乎也有幾個包間。但看上去都是沒多大區別，只不過是房間與露天的區別罷了。

去吃的次數多了。也就習慣了在這樣的場合鬧熱，但有時想像這樣的生活是不是安逸了些。反正是在這裏吃飯，總有著說不清道不明的什麼在。好像是對那牛肉湯的貪戀，確實，那牛肉湯的鮮比羊肉湯的要好。不由得我猜想，可能是沒添加牛奶之類的東西吧。

有一次，詩人蔣藍請吃飯。開初他說牛肉湯，我還以為是三官堂的羊肉湯改買羊肉湯了。哦，到了地方，我才恍然明白，他說的牛肉湯就是蹺腳牛肉，那天來的有詩人印子君、凸凹、沉璃。看上去就是一場有關牛肉湯的詩會。

雨田燒菜

如果要評選成都最牛的蒼蠅館子，王府井百貨的背後、華興正街上的雨田燒菜絕對是要榜上有名的。關於蒼蠅館子，沈宏非如此的評價：「其實，每個人心中都有一個蒼蠅館子。」沈宏非又說，成都人說的「蒼蠅館子」之理解應不會超出以下範圍：好吃，但不一定好吃死了；好髒，但不一定是髒死了；好便宜，但肯定是便宜死了。「我算過，在成都若不算早飯，午、晚兩餐加宵夜都在蒼蠅館子吃，一個人花十塊錢便能吃得很舒服。下館子到這種性價比水平，不僅能大大提升一個人的幸福感、成就感，更大大提升食物的美味度。」

據說，張藝謀來成都拍宣傳片的時候，都是雨田燒菜的常客。其實，我去雨田燒菜的次數不是很多，儘管有很長一段時間我上班的地方距離這裏很近。第一次去還是跟幾個同事一起的，在二樓坐下來，才發現那位置的緊張，由於太胖，怎麼著坐下去都是很難受的事，如果不是我對燒菜有什麼偏見的話，我都覺得這裏的燒菜很一般，並不像傳說中的那麼好吃。那天點的菜有個荷葉蒸肉，味道不壞，就是太肥膩了些。雨田燒菜只有上下兩層樓，但往小巷子裏可以無限延伸似的，你看一條小巷子都是吃客，那陣容是少見的震撼，一個蒼蠅館子做到這個地步，值。

有次，詩人文佳君天遠地遠的從都江堰跑過來吃飯，都中午十二點過了，給我打電話。我還以為是奢侈的飯局。卻原來是在雨田燒菜吃飯，喝小酒，聊下天，然後又飄然回都江堰去了，端的是一個瀟灑自在。

康二姐串串

中道街上的康二姐串串在成都的串串界名氣是不是足夠大，不知道，我知道的是前兩年在網上上被評選過十大串串。這都是我在那吃過串串才曉得的故事。

那是我還在紅星路上班的事。有一天的午飯實在是不知道吃什麼好，就跑到康二姐那吃串串。但人家中午不營業，好說歹說才破例開了門。吃的那個痛快是不擺了，因為以往吃這個用的是油碟，這次用的是辣椒麵，火辣辣的味道，才能表達出來對串串的那種感覺——很難形容的出來。

最奇特的是，康二姐串串不是中午不賣，而是晚上的那一餐，兔頭啥的，去的早了也許能搶得一兩個，菜更是要先下手為強。如果你不一次備好菜，說不定再去撿菜，剛才還滿當當的儲物架已經沒了。有好幾次都是遇到這樣的事，最後只好換個地方再吃飯了事。你不能怪老闆不仗義，而只能怪成都的食客太多了。

吃飯的場面在成都，用壯觀來形容的地方不少。不管館子是不是奢華，只要味道夠巴適，一定有人光顧，把位置都提前占了，這還沒完，還要表現出吃飯的激情來。好像只有這樣才能表達一個人對美食的熱愛似的。

大碗麵

在四川省社科院的大門左手邊有一家麵館，名叫翼友大碗麵。我知道這家麵館是因為我曾寫過吃麵的事。小小說作家石鳴就特意推薦了這家麵館，說是味道不錯。我有次去百花中心辦事，想起了他的推薦，就專門吃過一次，照例是牛肉麵，泡菜下麵，也很有風格，印象很好。

前段時間，我陰差陽錯的在社科院的一個很牛叉的雜誌上班，不想吃盒飯了，就跑出來吃麵。每次去都要選好時機，去的時間不對，半天都等不來一碗面，而且到處都是吃麵的傢伙，街對面的一家館子裏，只有三三兩兩的人在吃飯，旁邊也有兩三家賣麵的館子，生意卻都沒這般的好。這強烈的對比真不知讓人說什麼好。

說翼友的麵好是有佐證的。某一天，我都下班回到屋頭了，美女羊媛媛問我下班沒得，晚上一起吃著名的麵，就社科院門口的那家。嗨，不早說，我都在家裏煮起麵條了。那只好下次了。她有些不無遺憾的說。弄得我有些心欠欠的，那一碗麵直到今天我還沒吃到。

開始還覺得那雜誌很有做頭的，但目睹了老闆喊來保安維持會場，拖欠稿費等一系列變故之後，都覺得心灰意懶了。在這種情況下，我做了幾個月就趕緊風緊扯呼了，翼友的麵再也沒去吃過了。

好吃一條街

對於一位食客來說，不斷有美食出現，且花樣百出，簡直是很幸福的事。按照這一標準來看成都，簡直是美食的天堂了。因此，對成都的美食解讀甚至有些過火的地步。甚至於連「吃在成都」，這樣的話都覺得有些落後了。這當然是成都人好吃精神的極致發揮。

好吃一條街可以說是另一種極致了。遍數成都的街道，大概少有飯館的，但這還顯不出氣勢來，於是，就很多館子在一起扎堆，賣的就是一個人氣。這樣的地方在成都的很多街區都有的，如玉雙路、白果林小區、玉林小區、外雙楠、一品天下、蓮花東路……總有十多個街道，它們只是館子的多少、種類的多寡、味道的好壞之分罷了，其影響和名氣隨著這個就多了一份差異。比如在一品天下和蓮花東路吃飯，你能體驗到的一個是殿堂之味，一個是平民的樸實。但不管你怎麼形容，兩者之間多的是相似性。

也許是大家有這樣的飲食習慣，在沒確定吃什麼好的時候，先找個好吃一條街，到了之後再看著那家館子舒服，就再決定吃什麼，是最好的計畫。再說了，不管怎麼著，像東北菜、徽菜、廣東菜之類的都有，但也都是改良了的菜系，你可能在相似的情景當中找到它們

本身的影子，更多的是向川菜的「投降」，說「投降」可能是嚴重了些，因為就美食的發展歷程來說，都是一個不斷融合、創新的過程，這都是「和平演變」而來的。

而對我來說，既然是個懶人，吃飯時常是一個人對付過去，這樣下去，總覺得少了吃飯的樂趣。聚會也就成了必然。畢竟是在那樣熱鬧的場合，才有吃飯的氛圍。如果躲在格子間裏吃西餐，似乎怎麼著都覺得是彆扭的。除非是一對剛勾搭的男女才需要那種寧靜與安詳。但到最後不免是參加到熱鬧的飯桌上來，一個人的表現在這時是自然的，也是自由的，即使是有什麼缺點也都會暴露無異。所以，認識一段時間的男女都在借著這個機會考驗對付。參加這樣的聚會也很好玩。誰也拿不定注意，先找個最近的好吃一條街再說，各樣美食店都——呈現出來。這一下再決定不了，這飯還是得吃下去啊，就轉到另外的街道上去了。當然，這樣下來，吃飯都是形式罷了，更多的內容則在餐桌或飯後進行的。

好吃成性。成都人大都以這個為榮。所以在一條好吃街上，你看到中式燒烤和韓式燒烤在一起也不會覺得奇怪，甚至於把燒烤中的某一個種類拿出來，也能單獨做一個菜，比如烤魚，就很有特色的了。但這都是好吃的理由，我更樂意將這個想像成是對美食的世俗表達，因為失去了詩意，就泛起了浮光來。

這美食就像流感一樣，很容易傳染。關於吃飯，我總以為這不在於錢的多少，而是有沒有大量的閒時間。錢多當然可以吃大餐，少了街邊的小館子去吃，也許味道多巴適的呢。在失意和巴適之間，巴適顯然是更受歡迎一些，那是因為那花樣繁多的美食常常給人一種驚喜感。在好吃一條街，這樣的驚喜還是隨處可見，其原因是除非有習慣吃飯的館子之外，很多人還是很樂意嚐鮮。更確切的說法說，你永遠不知道下一家吃飯的館子如何，味道、服務什麼的，都不清楚。這也就決定了成都人味蕾的發達。

不過，像錦里、寬窄巷子、文殊坊這樣假眉假眼的所謂古街，自然少不了美食的點綴。但也只能是點綴一下了，只是讓外地的遊客看看成都的小吃如何的豐盛，至少給人一種假像，原來成都的小吃是這樣的。這固然是對川菜的一種營銷，但總給人帶來成都的美食就是這個樣子的負面印象了。

天然也有害

曉劍：

你好。保健品現在種類很多，有時真不知道選什麼樣的才好。看了最著名的黃金搭檔廣告，看上去似乎很不錯，但怕上當，所以連試一下都不敢，生怕吃不了兜著走。因為之前小區裏的一位老大爺相信到小區賣的保健品，出事了連找誰理論都找不到，你說冤枉不冤枉？

我相信這只是個案，更多的保健品還是有一定的功效的，即使沒功效，也不會致人死命的。至於天然保健品、天然藥物，我想不出來它們是怎麼個天然法，你經驗豐富，也許能判斷出它們是不是就很「綠色」，會不會有副作用？

曉劍，這可是關係到個人生命的大事。我看你解答了那麼多的問題，都很專業的。所以，才冒昧地給你寫信，諮詢一下。期待你的回信。

綠茶麗人　四月一日

綠茶麗人：

很高興收到你的來信。古代人保健講究補氣養血、滋陰補陽，然而這實在讓我們沒學習醫學的人頭疼，中醫學院的學生也許能接受，然而學習西醫的人往往認為古人在瞎扯，但是有時候這些瞎扯出來的東西往往能搞定西醫搞不定的東西。例如，中醫對付發燒一症就比西醫高明。

然而，古代的醫師早就承認是藥三分毒，可見毒副作用從中藥配方存在的那天起就存在。所以，從嚴謹的醫療衛生角度看，如果您沒有得病，請不要吃藥，因為它可能讓您害病。

那我們為什麼要強調保健？應該指出的是，保健的目的是為了讓自己活得更加健康。對我們普通人而言，規律的飲食對於日常保健就已足夠，我們缺乏的是微量元素和微量物質。即使是吃保健品，我們馬上就知道吃進去的東西大部分是垃圾！即使是病人，其體內的調節機制也是足夠精細和可信賴的。

另外，保健品，基本上是能起到保健的作用，但不能當藥品來使用的。國內所謂天然保健品、天然藥物一般指的是中草藥。雖然經常見到「中藥是天然藥物，沒有毒副作用」的宣傳，但是自古以來人們就已認識到某些中藥是有毒副作用，甚至是很強的毒性的。這些毒性中藥因為毒性較大，是早就被認識的，但是沒有引起足夠的重視。對那些毒性較慢、較弱的中藥，就更難被認識和重視了。有的藥物毒性，特別是毒性較慢、中毒症狀不那麼明顯，例如要經過幾年、十幾年才會出現症狀的慢性毒，能導致癌症、畸胎、肝腎損傷的藥物毒性，是很難通過經驗摸索出來的，而必須經過動物試驗、嚴格的臨床試驗或流行病學調查才能發現。許多歷來被認為無毒的中藥，現在都被發現有嚴重的毒副作用。

許多常見中成藥含有朱砂、雄黃，其化學成分分別是汞和砷，長期服用能導致慢性重金屬中毒。許多中藥能導致腎臟損害，其中最著名的是同仁堂生產的用以「去火」的龍膽瀉肝丸，它含有馬兜鈴酸，能使腎臟間質纖維化，並造成皮層腎小管大量喪失，是典型的「中草藥腎病」。光是北京至少就有數百人因為服用龍膽瀉肝丸而導致腎衰竭。還有不少中草藥能對肝臟造成損害。根據不同醫院的報導，中藥所致的肝損傷占臨床藥物性肝損傷總病例的4.8%—32.6%。此外，有很多中草藥有致癌性，例如「婦科良藥」益母草會刺激與懷孕有關的乳腺癌的增長。

目前對中草藥的毒副作用還缺乏系統的研究，毒副作用還未被發現的中草藥不知還有多少。不能因為目前還沒有深入研究過某種中藥的毒副作用就想當然地認為它沒有副作用，也不能想當然地以為有毒中藥對人體無害，甚至還能「以毒攻毒」。

這種情形當然有可能，許多毒物也能被用以治療疾病。但是，這同樣也是必須經過體外實驗、動物試驗和臨床試驗之後，針對某種特定的毒物特定的疾病下結論，而不能泛泛而論，由於理論上有此可能，就可以不對藥物的毒性做具體的研究，而隨意下毒。

曉劍　四月一日

兩個「精」怪

曉劍：

精怪在中國文化裏就不是一個很好的詞。在小說《西遊記》中，那些精怪無處不在，令人防不勝防。在食品界，也有一些精怪，最常見的大概就是「瘦肉精」和「蛋白精」了。

含「瘦肉精」的豬肉可能對人體有害，但因為靠這個能掙錢，所以還有不少人熱衷於靠這個發財。食物中添加「蛋白精」呢，似乎也沒有什麼營養價值，對人體有沒有什麼害處？

曉劍，期望你以專業的知識來解釋這兩個精怪，揭露它們的醜惡面目，讓更多的人警醒。感謝你了。

王不了　四月九日

王不了：

「瘦肉精」是鹽酸克倫特羅的俗稱。鹽酸克倫特羅原是一種平喘藥，用於治療支氣管哮喘和喘息型支氣管炎。鹽酸克倫特羅如果作為飼料添加劑，豬食用後在代謝過程中會促進蛋白質合成，加速脂肪的轉化和分解，提高了豬肉的瘦肉率，因此被稱為「瘦肉精」。但是要在飼料中大量使用（是人用藥劑量的十倍以上）才能達到提高瘦肉率的效果。由於劑量大、使用的時間長、代謝慢，「瘦肉精」在豬體內的殘留量很大，而且由於「瘦肉精」性質穩定，要加熱至172℃才會分解，所以一般的家庭烹調無法破壞它的毒性，人食用後會中毒，出現頭暈、噁心、手腳顫抖、心悸及心律不齊，甚至心臟驟停致昏迷死亡。因此世界沒有任何正規機構批準克倫特羅作為飼料添加劑。但是國內一些養豬戶為了使豬肉不長肥膘，違法在飼料中添加「瘦肉精」。

近年來，國內多次發生「瘦肉精」豬肉引起的中毒事件。例如在二〇〇六年九月，上海有三百多人因食用「瘦肉精」豬肉和內臟而中毒。二〇〇八年十月，廣州發生三起共五人因食用含「瘦肉精」豬內臟引起的中毒病例，十一月浙江嘉興一企業有七十人因吃含「瘦肉精」的紅燒肉而中毒。

近年來，一種叫做「鹽酸萊克多巴胺」的藥物正在成為「瘦肉精」的合法替代品。和「瘦肉精」不同，萊克多巴胺的劑量很小，每噸飼料中添加4.5克-18克萊克多巴胺就能顯著增加豬肉的瘦肉率。而且萊克多巴胺在豬體內的代謝很快（餵養七天後97％的萊克多巴胺已從尿、糞中排出），殘留量低，對人類的毒性也非常低（在每公斤體重的攝入量不超過67微克時，未觀察到對人體有不良影響）。一九九九年美國食品藥品監督管理局批準鹽酸萊克多巴胺做為飼料添加劑使用，在豬肉中的殘餘量不可超過50ppb（1ppb=10億分之一）。目前在二十幾個國家允許使用鹽酸萊克多巴胺，但在中國等一些國家被禁止使用。世界衛生組織建議萊克多巴胺在豬肉中的殘餘量不可超過40ppb。

再說下「蛋白精」，它並非合法的食品添加劑，而是不法商人用來冒充蛋白質的化工原料或其廢料，並無任何營養價值。它是利用了國家標準的漏洞：根據國家標準，在測定食物中的蛋白質含量時採用的是凱氏定氮法，這種方法通過灼燒樣品釋放其中的氮元素，測出氮的含量，再換算成蛋白質含量（因為在正常情況下，食物的主要成分中只有蛋白質含有氮）。因此那些含氮量高的有機物就可以騙過檢測以冒充蛋白質，添加在本來應該含有較高蛋白含量的食品（例如乳製品、大豆製品）和飼料中。用得最多的「蛋白精」是化工原料三聚氰胺。三聚氰胺含有66.6％的氮，如果把它偷加到食品、飼料中，在用凱式定氮法檢測蛋白質含量時，就會把三聚氰胺中的氮含量也換算成了蛋白質含量，這樣就虛報了蛋白質含量。

三聚氰胺進入體內後不能被代謝，而是從尿液中原樣排出，但是，動物實驗表明，長期餵食三聚氰胺能出現以三聚氰胺為主要成分的腎結石、膀胱結石，並誘發膀胱癌。二〇〇七年，從中國出口到美國的寵物食品導致許多寵物腎衰竭死亡，調查表明可能是因為寵物食品中混入了三聚氰胺導致的。二〇〇八年中國發生「三鹿配方奶粉」導致數名嬰兒因腎結石死亡的事件，其罪魁禍首也是三聚氰胺。

三聚氰胺做為化工原料，廣泛用於生產樹脂、塑膠、塗料，能從聚合物中微量地游離出來，因此食品在生產、包裝過程中有可能從環境中受到三聚氰胺的輕微污染。據美國食品藥品監督管理局評估，除嬰兒奶粉外，人體每天攝入低於百萬分之2.5的微量三聚氰胺，不會危害健康。當然，這並非意味著容許食物蓄意摻假。

三聚氰胺做為一種對人體可能有害的化工物質，再微量也不能故意添加到食品中。否則，就是知法犯法了。

曉劍　四月十日

第四輯

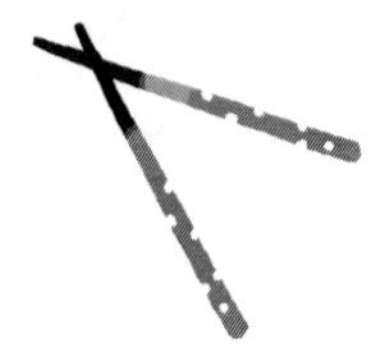

豪情的飯局

不為人知的勾引

上海作家我覺得有幾個寶貝，不是寶器。小寶、毛尖、陳村、孫甘露等等就不用說了。吳亮是不得不提的傢伙，在文字中往往可以見識他的性情和嗜好。前不久，出版社的朋友送來了他的一冊《另一個城市》，讓我欣喜不已，這恰如陳丹青的話：我從來不敢怠慢他的文字，每當展讀，隨之神往。吳亮在書中引用托洛茨基的話說，各種事件都不是在不知不覺中抓住我們的。本文的標題就是借自於這本書的一篇文章。其實，把它用在美食上，我以為也是恰如其分的。

聖人言，食色，性也。這也可以看作一場拉鋸戰，雙方博弈，就看那個更有魅力一些，如果這兩者互文大概也是可行的。因為飲食的複雜化可能給我們更多的想像空間。然而，美食家並不是天生的，他們是怎麼著走上了這條道？這應該是很有意思的路程，但我很少見過關於他們迷上美食的記錄，好像這都不是最重要的。對美食來說，除了享受之外，我還真的很難說有其他理由支持這一想法。

就我的經驗來說，這美食大抵也是經歷一個發展的過程。更恰如其分的說法是白骨精（白領、骨幹、精英）都是享樂的族群。早先，在老家生活時，粗茶淡飯也就過去了，因為生活在那樣的一個圈層裏，大家都是這樣的一種生活方式，並沒有覺得這有什麼不妥。如果換一個環境的話，那就大不一樣了。你說成入鄉隨俗也罷。因此，我更樂意認的是，是我到了成都這個美食天堂才有了對飲食的偏好。

看著紅湯翻滾的火鍋、色藝俱佳的鴨舌、五香麻辣的兔頭……誘人，實在是太誘人了，看得人口水滴答，動心是自然的。當第一次看到那麼多的美食時，除了感歎自己對美食的孤陋寡聞之外，就是想一飽口福。且慢，那辣椒的滋味以前可是領教過的，至少能造成胃的不舒服，但這時想不了那麼多，如果有什麼不好的話，也只是吃了才曉得的。也就不管三七二十一了，吃了再說。大有拼死吃河豚的氣概。

坦率的說，在美食面前，我不是那麼意志堅定的人。只要看見美食，大快朵頤的想法立刻會浮現出來，恨不得立刻去吃一盤，這比斯文的氛圍要更有豪情一些。至於浪漫的事在吃飯的過程中固然有，大概只限於男女之間。男人之間的飯事估計絕少需要浪漫的，還是要表現得不一樣才好。至於怎麼不一樣，就是在西餐廳也能展現出某種飯局的神韻才成。相對而言，西餐廳給我的痛快感遠比中餐要少的多，不管如何，拿著刀叉手舞足蹈看上去就有些張牙舞爪的，不像筷子在飲食間一樣可以指點江山。

美食的不知不覺的勾引猶如中毒一般，美且愉悅著，甚至於能讓人想像到，許多哲理的話大都是來源於生活，甚至於是美食。就像吳亮說的那樣，真正的勾引只存在於瞬間，它是一種短暫的、飛逝時間的片段美學，就像一支冗長曲子中偶爾出現的美妙音符，它必須立即逝去才會長駐心頭。他又說，持續的勾引就是一次策劃好的預謀。所以，對美食，那是註定了的緣分，且不管是在今生還是在來世，都不重要了。

面對勾引，我們需要的可能就不再是簡單的矜持了，也不再是想像，而是悠遊美食間，也許這當中有一重冒險，卻更多的是享受美食的趣味的。不過，這倒可以把簡單的日子過得更為豐富一些。

詩意的餐館

有一次，美食家沈宏非告訴我們，成都有條優雅而美麗的魚，一條站著的魚。那條魚不是在吃草，它以游動的姿態，等著你吃它。這條魚是二毛的創造。中國有很多詩人，成都至少藏著全國四分之一的詩人，二毛就是藏在成都詩人中的一個。他寫詩，但他喜歡做菜，他沒有出過詩集，去開了一家名叫「川東老家」的餐館，餐館的附屬是「二毛私房麵館」，像是他的一本詩集，裏面有一些美麗的「句子」。那條站著的魚，就是這本詩集中的一首。在成都這樣的另類餐館還有許多。

我跟朋友偶然來到牛王廟附近的一家不起眼的小餐館宵夜，卻沒有料到又經歷了一次「大歡喜」：搞笑餐館的老闆、小工，招呼客人、點菜、報菜名，感覺完全就是說笑話、講評書；而且每個很普通的菜都有一個很「另類」的「外號」；客人吃飯、喝酒，完全是在暢快的笑聲中進行。這家餐館的生意也因此非常火爆。

我們剛走到門口，一男一女兩名負責招呼客人的小工就扯起嗓子大吼：「英雄四位，雅座伺候！」四位「英雄」剛坐下，小工就過來招呼著；客人說：「先來兩個鹵兔腦殼。」小工轉身對廚房喊：「來兩個『帥哥』！」客人又點：「豬拱嘴半斤。」到小工那裏就成了

「半斤『相親相愛』」。聽到這別致的另類菜名，眾人莫不大笑。在這家「搞笑餐館」，土豆絲成了「吃裏扒外」、醋是「忘情水」，啤酒等於「夢醒時分」、白酒就是「留半清醒留半醉」……見客人很有興趣，小工更加得意：「這些菜名都是老闆取的，他說取名字要有文化。」客人提出見見「文化老闆」，小工就喊：「首長！請首長面見四位英雄！」一位中年漢子應聲跑來，開口就說「評書」：「萬里黃河水滔滔，不給小費走不到；爹親娘親不如『大團結』親；東說西說、產生幻覺！」看客人笑得很是暢快，老闆乾脆把全部菜名都抖了出來，豆腐乾——「黃龍纏腰」，雞鴨鵝翅膀——「展翅高飛」、腳掌——「走遍天涯」，鹵舌頭——「甜言蜜語」，炒萵筍丁——「星星點燈」，燉乳鴿——「嚮往神鷹」……在滿座客人的開懷大笑中，老闆興致也高漲起來：「免費給每桌英雄送一份『遲來的愛』。」客人們好奇地等著「遲來的愛」，不知是老闆的什麼拿手好菜。結果，當小工端上來時，客人們笑得更厲害了——原來就是一盤普通的泡菜！客人吃完：「拿幾根牙籤來。」老闆大喊：「上幾根『拗門』！」眾人又是一陣大笑……

在雙楠有家叫「解放」的餐館，走進店裏才感覺到它的特別。員工手臂上分別戴著袖章，上面是手機啊傳呼啊什麼的，你喊他們不是喊「小妹」或者是她的名字，而是袖章上的名字。比如喊「小妹」拿什麼就說，手機，拿個油碟來！十分的幽默，聽上去可能有幾分惡搞，卻是很有意思的事情。

府南新區有家叫「巴將軍」的餐館，員工紛紛著古代巴蜀的服裝，那種服務態度，搞得比三國還三國，那種裝飾完全是按照古巴蜀的歷史來的，使人儼然走進了古巴蜀時代了。

在成都的大街小巷，都隱藏著不少另類餐館，這就像成都人一樣的詩意。走在這些另類餐館裏，像回到詩歌裏去了一樣，多了些值得回味的地方。

吃有意思的麵

成都的小吃是名揚中外的，但是這裏的麵也是別具一格的。比如擔擔麵、查渣麵都十分有名氣。平時喜歡吃麵，即方便又快捷，所以常常在成都市的街市上吃麵，有時，吃到一碗好麵，不啻為一種驚喜，並且會有溫馨和華麗的感覺，吃麵就成了很有意思的事情。在這裏我且將在成都的好的麵店公佈出來，以饗同好。

成都的麵店簡直可以用多如牛毛來形容，且不只是賣一種麵，大都兼賣好幾種麵：雜醬麵、牛肉麵、排骨麵、肥腸麵、煎蛋麵等等，雖然這樣很方便食客挑選，卻並沒有達到精緻的境界，大都味道、色澤相差無幾，這的確是令人遺憾的事情。

牛肉麵的湯要好，肉也要精挑細選的黃牛身上的最好的肉，在燉的火候上也很關鍵，弄得不好就味道大失不說，味同嚼蠟。以前在華興街有家不錯的牛肉麵店，除了了味道好之外，香菜是新鮮的，牛肉豐滿而多汁，咬上一口便感覺得出來。現在的許多麵店雖然也賣牛肉麵，但牛肉看上去乾癟，且份量很少，有時還會夾雜毛髮之類的東西，這樣的店我去過一次之後，就再也不敢去第二次了。古龍曾說，臺北有一家叫一品風味的麵店，老闆娘在用竹

筷挾牛肉到麵碗裏去的時候，得先戴上副老花眼鏡，看她選挾牛肉時的專注與慎重，簡直就好像老派的商人在選擇鑽石一樣，令人不禁覺得這碗麵的價值分外不同，在成都倒沒見過如此的老闆娘，只能令我輩神往了。

做排骨麵看起來簡單，其實學問挺大，一碗麵湯，一定要做得清而鮮腴，油而不膩，那至少要用肉骨頭文火吊出來的羔湯才行，麵要下得清清爽爽，漂漂亮亮，一根根排起來。排骨要選得好，火候也要恰倒好處，一定要把厚厚的一塊排骨炸得豐富而多汁，味道也要夠濃才好。如偷工減料，排骨炸起來，肉就乾了，味道大失不說，還令人想起別的不快的事情來。因而，做得好的排骨麵的麵店絕少。排骨炸得略焦，味道尚好的麵店很多，似乎草率地做排骨的麵店更多一些，因此在成都吃上一碗上好的排骨麵是不容易的事。

第一次吃擔擔麵時，還以為是別有含義，且用大碗裝麵，就只喊了一碗麵，服務員看我則怪怪的，我鬧不明白，等麵端將出來才發現那是一小碗的麵，精緻。吃完又要份生煎包才算過去。後來，聽說「擔擔麵」的故事，才恍然明白它的少而精緻是不能當正餐的，只能工消遣。對擔擔麵我說不上怎麼愛，只是偶爾吃之。

據朋友介紹，渣渣麵是崇州羊馬的為最好。去年還鬧過什麼知識產權的爭端，名聲就更響了。成都近年來也開設了一些所謂的渣渣麵店，印象中最好的是七道堰街的一家，麵好，料也好，而且泡菜微甜帶酸，邊吃泡菜邊吃麵，簡直是一種享受。那裏經常客滿，去得晚只好坐在外面等著。在石人小區也有家打著渣渣麵的招牌，麵尚好，料是雜醬麵的料，而不是粉末狀的肉粉，泡菜也大打折扣，吃著簡直令人大跌眼鏡，大有上當之感，用古龍的話說就是「慘絕人寰」了。

近段時間，在街上走走，忽然發現有不少華興煎蛋麵的招牌，是否正宗實在不得而知，在玉林小區的華興煎蛋麵是印象中最好的，湯清，麵也清爽，蛋煎得恰倒好處，另外還有涼拌豬耳朵等菜佐餐，吃著很舒服，到玉林玩的人大都到這裏吃宵夜的習慣，似乎成了玉林的招牌。

在簾官公所街有家生煎包店，麵卻是最好的，我在那吃過多次的麵，成都晚報的副刊部的幾位也經常在這裏吃麵，因為湯好，麵似乎更好，味道不擺了。即便是雜醬麵也做得乾爽，吃著也是極痛快的事。有時空閒的中午，我會專門跑到一些麵店去吃一碗麵，被朋友稱之為「奇談」。

吃有意思的麵，是很詩意的事情，可惜的是好的麵店不是到處都是，要吃到一碗好麵，得跑不少路，但只要吃一碗好麵，也是值得的。

誘人的串串香

有一部城市電影叫《愛情麻辣燙》，說了五對男女組合的愛情故事，其中師奶殺手濮存昕和呂麗萍演了一對離婚後又東想西想的「夫妻」，但具體情節已然模糊了，沒法，因為記憶已經定格在了電影開始那盆熱騰騰、香噴噴、美滋滋、辣呼呼的麻辣燙。大有「聞到串串香，神仙都要跳牆」的味道了。誰也沒想到這麻辣鮮燙的吃食把火鍋變變樣，把葷的、素的往竹簽上一串，就串出了如今火熱了十多年也沒冷下來的串串香。

據說，以前成都的串串香以華興街的攤點最出名，生意也最紅火，而今走在成都大街小巷，隨處可見大大小小的串串香鋪子，紅漆的矮飯桌、小凳子和熱氣騰騰的一鍋紅湯以及那一大把一大把竹簽就構成了成都特別的一景，也許正因為如此，才給我留下許多美好的回憶，這是無可替代的經驗了。

第一次去吃串串香時，對麻辣是既喜又怕，但看到紅湯和一串串食物時，又禁不住口水直流了，只好硬著頭皮吃下去，結果，我的擔心是多餘的，麻辣得並不是很厲害，所以便頻頻光顧串串香了，只是胃還不是太適應，總要拉幾回肚子才成。上週末，同學聚會，幾個傢伙在東光小區說，這邊的一家串串香，你絕對沒吃過的，巴適的很。害得我趕緊打的跑過去，自然，那味道是不攞了，否則，同學肯定要幫我付車費了。

在串串香店，拿菜的時候，吃客大都抓起一大把就走，實際上一毛錢一串的東西，在全國都少見；何況還可以耍盡過場，一會喊：「掺茶！」一會喊「加湯！」一會喊「老闆，再來五瓶啤酒！」……十幾二十幾塊錢的一頓飯硬是要把瘦精精的小工跑斷腿、跑斷氣一般，讓平日裏百般不如意的自己在串串香這裏嚐夠上帝的味道，還可以在結賬時粗聲粗氣地大吼：「老闆，數簽簽！」實際上，幾大把簽簽數下來，小工的手都數得有點爪了，也不過三幾十塊錢，許多人似乎要的就是這種效果。現在，隨著物價上漲，串串的價格也漲了起來，但比較其他的飲食，還是大眾最愛的一種。

我注意到，在串串香鋪子裏，最忙的是忙著給客人跑前跑後的小工們，其次是忙著吃東西、喝酒、劃拳、擺龍門陣的客人，最閒的是坐在門口等著收錢的老闆，他們往往蹺起二郎腿，手裏捏著一摞錢，眼睛望著店外，偶爾扭回頭，朝小工們吼幾聲，常常是無事可做，等到小工數完簽簽，客人走到面前付錢，老闆臉上才有了幾分生氣，他們精明地算好賬，報個數，等收到錢，再笑著招呼幾句「味道巴適又來嘛！」「下次再來哈！」那神情才是悠然自得的呢。正所謂：下里巴人猶喜聚，陽春白雪也相容。香風縷縷饞無數，美味悠悠醉九重。簡陋因心而不廢，琳琅為伴卻難從。秋來落葉横階野，獨見黃花一地濃。

串串香在成都隨處可見，彷彿是火鍋的「山寨版」，但卻以比火鍋更低的價格吸引著食客。儘管有人說那裏不乾淨，甚至那油水可能是潲水油，這有什麼要緊呢？就我們現在的吃飯環境來說，乾淨的只能存在於想像吧。但我以為吃飯吃到高興，回去不拉肚子就成。

不過，現在許多串串香鋪子熱熱鬧鬧開張，不聲不響收場的不少。前幾天，我注意到我住的小區附近又開了家串串香鋪子，前段時間這家鋪子關門了。現在的這家的老闆還是以前的那位，不知道它好久還會關門。

魚，我所欲也

如果沒有江南溫潤的氣候，就沒有所謂的魚米之鄉，同樣，若沒有成都的天府之源，就不得有成都人的那麼愛魚之情。沒有資料統計能說明，每天成都人要吃掉多少條魚，但只消你隨意走進一家魚店，看到的都是沸騰的賣魚吆喝的場面，也就明白，成都人對魚的感情是獨特的，其間蘊藏著成都人的溫情是那麼地親密。

可以毫不誇張地說，成都人愛魚甚於達到三天一大吃，兩天一小吃的地步。所以，走在街巷中，哪怕是再偏僻的館子，都可以做出一盤有味道的魚出來，簡直沒有它不能算一席宴。更不要說那些以魚為號的餐館了，隱藏在成都的角角落落，構成成都人的家常魚館。

當然，這吃魚，在成都人看來，多少是一件詩意的事情。這詩意當然不是抒情的，而是深具煙火氣息的，不管是水煮（這個是再家常不過的了）還是清蒸（沈宏非說：「清蒸，是對一條魚的最高禮遇！」），不管是烤魚（烤出萬千的風情），還是麻辣魚（「麻上頭，辣過癮」），不管是草魚還是鰱魚，甚至於泥鰍，都各有千百的風味，用流行的話語說，就是讓你吃出不同的味兒。

成都人吃魚最家常吃法不過是一份酸菜魚。但這魚做出來的也因各人的口味差異做出不同的風味來。更不消說，一份麻辣魚，放入麻辣佐料，然後加入大蒜、生薑等等，再把魚下鍋，好了之後上面撒上一些些蔥花，但做好麻辣魚關鍵在於花椒和辣椒的質量。好的麻辣魚讓人不僅能吃出麻辣燙的感覺，也不禁有些想入非非那些麻辣的感情了，這成為了成都人的典型性生活一部分。

多年以前，我住在那個小區裏就有一家冷鍋魚，不過是叫片片魚，意思是差不多，同學聚會什麼的，常常是在那兒進行，片魚師傅的刀工極好，那魚肉又薄又嫩，下鍋幾分鐘就可以開始吃。後來，換了師傅，做得魚片很是要不得，厚且不說，一不小心魚刺梗在喉頭，如何都是不爽的經驗，那以後，就漸漸地不去了，某一天，想起試一下冷鍋魚是不是有些改觀，不想已換作時尚服裝店。

這冷鍋魚雖說也就是那種麻辣魚，但比一般的麻辣魚夠檔次，自助餐嘛，一個人就十幾元（門口的招牌上大都寫上：每客X元），即便是三五個人也花不了幾個錢錢，魚不夠，加！菜不夠，加！而且加來加去，絕不多收你一分錢。這樣的實惠法，不怕你吃不好。只要你吃得滿意了，說不定就是一個回頭客呢。

有不少次，跟朋友歡聚在冷鍋魚店，吃得都極為快活。現在我才明白過來，為什麼成都人喜歡把聚餐之類的活動搞在這樣的蒼蠅館子中進行了，不為別的，就是圖大家吃個開心，又可以娛樂一下，何況這裏的酒水比那些大館子的低了許多，吃喝之餘，哪怕是大聲武氣得吆喝、甚至於唱歌也沒人說你不好，這不是大家不夠文明，也不是成都人缺乏禮貌，實在是吃飯嘛，就是吃個有滋有味，就是吃個和諧社會的嘛。要不，一個人悶悶地吃去，也不會有人說你啥子的。

其實，開冷鍋魚店店的老闆不管那麼多，是精明著呢？加法減法都不在話下，在你大塊吃魚、大杯喝酒的時候，他就在旁邊伺候著，端盤香菜，加點蒜泥，讓你享受貴賓級待遇不說，還一個勁地問你，哪些服務的不到位什麼的，只讓你沒多少別的話語可說：「硬是巴適哈……」這話不僅是對老闆的表揚，也是給第一次來吃飯的提示。而等你吃喝安逸了，喊一聲買單，他跑得飛快，連說，吃安逸沒有？你想著吃喝那麼久了，少說也百兒八十的吧。但一算下來，不過幾十元，老闆很大度說，零頭嘛，就算了，改天再來哈。

成都人對魚的偏愛，不僅由來已久，至今依然是生活中最重要的一部分。要吃就吃出感情，是成都人對生活的真情理解，也是對生活的由衷表達。如果哪天成都人不愛吃魚了，那可真是奇了怪了的事，也許算得上成都人的飲食革命了吧。

以美食的名義嘯聚

成都，在不少人看來，就是一個美食天堂，吃得花樣繁多不說，希奇古怪的吃法更多，雖然這些吃法比不上廣州人的怪，也比不上北方的樸素，而這更多的是在傳統之上的創新，所謂老東西吃出新花樣。

在城東的蓮花小區，幾年之前，還沒有什麼像樣的美食街，有的都是零散的館子，跑到一個地方去吃飯，也未必滿意，再去另一家就得花費更多的時間，因此選擇很是有限。不過，這幾年，那裏有了很大的發展，也許是因為周圍的食客增多了，那就是有了美食一條街——蓮花東路。這街不是很好找，只不過是海椒市街上的一個岔路口出來而已，走幾十米才看到飲食店，當然比不上西門的大戶人家，也比不上南門的氣派，若小家碧玉一般，卻也令城東人自豪不已，因為在這個地兒，吃飯成了習慣，更多的人是在熱鬧的氛圍裏才能尋找到生活的些許樂趣。

每次去蓮花東路，都要選好時間才能過去，比如下班之前，晚一點跑過去，不管是燒烤店，還是冷鍋魚店，都是人滿為患，幾米寬的街道上密密麻麻的車子不說，連位置都難以找到一個，老闆忙的似乎也找不到了方向，路的兩邊，桌子挨著桌子，人擠著人，氣氛是一浪一浪的高，吃喝高興了的人還可以吼幾首歌，那是來自安徽的學生，他們一到夜晚就帶上吉他在好吃街遊蕩。

幾十米寬的街道，擠得上三四十家店店，生意之好可見一般。另外，在這些鬧熱的吃客中，時不時加上一些不太純正的成都話：「小妹兒，開酒。」「老闆，再來點菜。」不用問，那是幾個老外慕名而來吃喝的。也許是對成都生活的流連，把每個夜晚都拋灑在這裏，以此讓自己在歲月的沉浮中找到方向。

這裏是好吃嘴的天堂，在蓮花東路得到的不只是完美的體驗，還有對美食的景仰。這裏不僅有芋兒燒雞、火鍋、燒烤，甚至還有家韓國燒烤。傻大慕烤魚店的老傻用有點變調的樂山話說，我們這兒，就是吃個快樂，除了西餐，我們這啥子都有，吃喝不愁。但這老闆實在太摳門了，每次買單，幾大百的拿出去，該少的零頭卻一個也不能見少，每次來吃喝，似乎占了他的多大便宜似的。所以，後來再去這條街，就不肯再走進去了。

有天，雲南詩人詹本林過來玩，就一起吃乾鍋兔，先喝了泡酒。兩個人隨意地喝著，不知不覺喝了一斤多泡酒，乾鍋吃了，又加了些蔬菜進來。繼續吃喝，很痛快，也能讓人想起某些關於酒的故事來。後來，走出了店家，多少有些偏偏倒到的了。

在這裏，夜深了，人未靜。在這裏的吃客卻常常是剛開始就一兩個人在場，人是越來越多，不管是老鄉，還是朋友，電話一響，立刻都殺過來，與其說這是人緣的關係，倒不如是美食帶動了大家的激情。桌子不夠了喊小妹把桌子拼起，酒不夠了再抱一件過來。如此再二再三，聲勢也就無意中壯大了，酒自然是越喝越多，快意江湖一般，那恩仇或不快都化解在酒中了。等到早上三四點鐘，這兒還照樣有人吃喝，有人吆喝，雖然已經有人醉了，回家洗洗睡了。

至於那些美食的滋味到底怎麼樣，似乎都不太重要了，因為已經沒人記得了。在成都，美食就是一個很大的太極似的氣場，不管在哪個位置，只消有美食，有酒，就一定圍著一圈人在那裏徜徉、流連。蓮花東路更是如此的奢侈，以美食的名義，嘯聚著南來北往的好吃嘴。

得意居的風流

在我的有限美食經歷當中，對於吃，總覺得是有很大的學問的，比如做法、吃法都有很大的講究。說實話，在去雲南之前，我很疑惑是不是有雲南菜這個詞，之所以會有這樣的印象是因為我上次去雲南就沒怎麼吃過雲南菜，這次去昆明，當然首選是雲南菜了。不過，美味哪裡尋，最好是問下出租師傅，但現在的出租師傅要掙錢，不但你吃不到正宗的菜，還有可能被館子宰一刀也未可知。比如前段時間去桂林就遇到了這事。好在在昆明，作家周重林不僅懂得茶，對美食也是瞭若指掌的。於是，晚上的飯局是舍了大隊人馬，出來吃飯，去的是得意居雲南公館菜。

雲南公館菜源於雲南家常菜的，但用料、做工更為考究，加之雲南家常菜悠久，公館菜也就成了百年滇味美食的集大成者。

得意居位於金馬碧雞坊商城西南角，始建於清末，曾為蔡鍔將軍故居，是昆明市文物保護單位，它保留著明傳統民居四合院格局，坐北朝南，主房及兩邊廂房為三層，南房為二層，構成「走馬轉角樓」形式，是典型的「天井」佈局，也是目前昆明惟一一座三層樓的

「走馬轉角樓」建築。得意居的蓮柱式石雕大門，花瓶式露臺、憑欄、屋簷下的彩繪三水煙雲，精美石雕花台、魚池、柱基，以及院中匾額、楹聯，都值得人們細細玩味品賞。周重林兄介紹道，這裏的菜，融合滇、川、粵、京、蘇等各大菜系的特色而自成一格，沿襲了民國愛國將領蔡鍔將軍的家菜特色，精緻、營養、健康。掌櫃乃昆明的著名美食家李孟澤，出版有多種美食書，雖沒到書店找來快覽一過，能在這美食中體味也是妙境。

一進門就能聽到清雅的古箏，唱的就是當年鳳仙小姐的那一曲《知音》，在靠館子的左邊的包間坐下來，門大開，外面的人語時不時飄進來，不想一般的包間包的嚴嚴實實的，這也是獨特一景了。上來的滇味三鮮時疏，幾近川菜中的泡菜，味道更為多樣化，卻不是泡菜一個味可以比擬的。且說有一個滇味三蒸，原是著名將軍龍雲喜歡吃的滇味美食。這道複合型菜餚由三菜組合：左為原生態的玉溪江川百年民間吃法的蘿蔔絲（鮓）、（鮓）肉；右為老昆明風味的粉蒸排骨和粉蒸洋芋；中為雲南原生態的特色蒸南瓜，健康美味。

還有一種雞，名叫蘸水得意雞，雞是如何的得意法，剛想問下掌櫃，他卻雲遊到另外的一桌去了。其實蘸水吃法在每個地方都有，但論起滋味又是各異，我把雞塊放在蘸水中一下，隨後就吃起來，孟澤則說，這雞塊要在蘸水中多浸泡一下才更入味一些。不過，還沒等我夾起一塊，大夥就忙著品一品重林兄自己做的茶來，只好等下次有機會再來品嚐吧。那核桃包子，端將上來，我還以為是用核桃做的包子，吃起來才發現那不過是核桃的形狀，卻是燕麥黑喬麥糯米用模子做成核桃的模樣，裏面還不忘加以核桃仁為主的甜味餡兒料。另有幾樣菜，卻沒記住名字，因為大家對掌櫃自釀三十八度的酒越來越有興趣，頻頻乾杯了。這樣的場合，吃飯，喝酒，聊天都很相宜的。更何況在這裏，白天可以看彩雲翩翩、風箏飄舞；晚上可以看星空燦爛、月色如水。這樣的景致，在哪個城市都算得上一景的吧。

也許正因為這樣，蔡鍔與小鳳仙的故事在這裏都成了傳奇。在得意居簡直不是吃飯，而是品嚐一段文化餘韻的了。

西雙版納的傣家菜

現代禪詩研究會發起人南北像遊俠一樣大江南北的行走，真羨慕他這樣的神仙狀態。去年的時候他移居昆明。昆明距離成都在地圖上不是很遠，坐火車不過十多個小時就可以到。但要說大家有時間聚一下，也非易事，畢竟每個人都東忙西忙的。

不過，有機會總要聚會的。五月裏，去昆明是相宜的。剛好有一個NGO組織在昆明搞一個活動，就跑過去參加了。這是其一，另外就是去見見老朋友了。見老朋友也無非是聊天、喝喝茶之類的活動。當然，南北不能不見，在成都的時候，幾個傢伙就常在一塊玩兒的。活動結束後剛好還有半天時間閒著，就去找他玩兒。茶也喝了，天也聊了，剩下的就是吃飯。於是，就在他小區旁邊的一家傣家菜吃飯。飯菜都簡單，他非要來一個葷菜不可，我不同意，也就跟著吃素。我還笑著說，吃素跟胖子的關係並不密切的。

點了好幾個菜，如折耳根拌木耳，折耳根斬成一段一段的，出奇的短。乾煸苦瓜，像極了川菜的做法。有的菜，特意放了小米椒，辣味十足。這才有點像傣家菜，至少跟我印象中的是符合的。

兩年前，我去西雙版納做採訪，昌泰茶業的老陳請飯，吃的是就是地道道的傣家菜。傳言說到版納不吃傣家菜就是沒去版納，猶如不到長城非好漢也。且說那一天的傍晚，汽車在鄉間的小路上賓士，也不知走了多遠。路是坑坑窪窪的，顛得人有些昏昏欲睡的時候，才發現到了一個山寨，彷彿獨立的別墅一般，不像城市的餐館，都是連成一片的。周圍全是莊稼，這地方比成都的農家樂更地道一些，聽說，不少人專門跑到這裏來吃飯。我們進去，剛好有空位置，因為來吃飯的傢伙純粹是吃飯，沒其他的娛樂活動，吃完就走人。傣家菜有幾大特點：酸、辣、苦、甜、香五味俱全。酸：傣家人用的酸味很豐富，除了白醋外，還用不同的方法醃制出各種酸菜、酸筍、酸湯等。有些水果如酸角、檸檬、酸木瓜等，也經常用來做菜。辣：傣家人愛吃辣，馬老雲南老家有種辣椒王，名叫涮涮辣，只要把它往鍋裏一涮，整鍋湯都辣乎乎的。這種辣椒只在德宏有。苦：「苦菜」同樣很豐富，除了苦瓜，還有很多苦味植物和野生蔬菜，有人還把魚苦膽和豬苦膽用來做配料。甜：鳳梨飯、潑水粑粑等都是糯甜好吃的小食物。香：傣家產香米、野生黃花、香椿、茴香等，還有香柳、芝麻、香茅草等都可以用來做菜。有一種傣家人稱為「中白哈」的植物嫩葉，做湯菜或配料，香味濃郁。但這種植物數量極少，價格比肉還貴，一般很難吃到。不想這次全品嚐到了。就連酒也都是自家釀造的，比常見的米酒、白酒都更有沖味。這頓飯吃下來，差不多把我才眼淚都吃下來了。

傣家菜幾乎都是沒見過的菜，有的是聞所未聞，端上來一大盤蕨菜，我還以為是東北的大豐收呢。這蕨菜並不是真正的蕨菜，是蕨的生嫩葉，要醮著旁邊碗裏的芝麻醬或辣醬吃。味道大不相同。傣家烤肉看上去有些灰色，並不像一般的烤肉那樣的誘人，有拼死想吃的想法。一片片切得薄薄的新鮮生豬肉或是生牛肉，蘸一下用洋番茄和其他香菜做成的「楠咪」就直接吃了。這在我都是十分新奇的吃法，雖然沒吃過，看主人家吃，跟著去學樣，雖然不是十分像，倒也差不了多少。

吃米飯時我還在想著是不是該有一隻碗才對的啊。但看看周圍的桌子上，都沒有。同桌的傢伙直接抓起米飯來，團成餅狀，直接包了菜吃，看上我味道很不錯。到自己吃其他才知道不是那麼回事。這米是糯米，自然很容易做成餅子了。我也跟著學，但總是出醜的，不是團得太厚了些，就是無法包住菜。也許這才是地道的傣家吃法吧。

現在回味起來，依然覺得吃傣家菜是難忘的經歷，至少是美食之旅上不可多得的一站。如果有機會，一定再去版納，不是去看風景，就只為了那傣家菜。

老邊餃子館

第一次去瀋陽，是參加一家老年雜誌舉行的筆會。這種筆會基本上半天時間就能搞定，剩下的時間基本上都是吃喝玩樂，對一個喜好這樣的生活如我的傢伙自然很樂意有這類的活動。東北菜以前也吃過一些，但總體印象是要吃更好的東北菜，非到原產地不可。因為很多菜固然你能在不同的地方吃到，但卻很難吃到更正宗的菜。

在瀋陽，吃東北菜是不是吃得到最正宗的，不知道，但趙本山的二人轉還是看了。都是他的弟子表演的，現在回想起來，印象模糊，也許是二人轉一經改了良——健康和諧的發展，也就失去了生命力。他們稱之為「綠色二人轉」。不過，在街上走著，看見一家店，名為天下第一手，想去看個稀奇，不過是豬腳的吧，成都人說的蹄花也。

這都是題外話，還是說回到東北菜。分量足，是其特色之一。比如大豐收就是，一個大盤子端上來，白菜蘿蔔的，紅紅綠綠，搭配在一起，看上去都賞心悅目的。其他的菜也都是類似的，想像如果在成都吃飯能遇到這樣的好事，豈不幸福的要死，在成都，這樣的菜是盤子足夠大，分量要足夠小，讓你吃得心裏欠欠的，如果想再吃，就再來一份好了。但在這裏，這都是很常見的事，一張桌子，隨便擺上幾個菜，都滿滿當當的了，幾無放置酒杯、碗筷的地方。

且說我們離開瀋陽，去大連的那天晚上。大夥跑到一家名叫老邊餃子館的地方吃飯。原是這裏有習俗云：送客餃子迎客面，或者更現代的說法：上車餃子下車面。不管怎麼著如果不吃餃子這一旅程就不完美似的。還沒進去，想來不過是一家餃子館罷了，是不是這樣的吃飯法寒磣了點？一般而言，最後的飯局總是在美妙的氛圍裏，有完美的結局的。可進去一看，好傢伙，若不是提前預定的話，座位都沒得。

這老邊餃子的來歷也頗為傳奇。原是馳名中外的瀋陽特殊風味。它歷史悠久，從創制到現在，已有一百七十多年歷史。清道光八年，河北河間府任邱縣邊家莊，有位叫邊福的來瀋陽謀生，在小津橋搭上馬架房，立號邊家餃子館。雖然門面簡陋，但由於精心製作，風味獨特，並以水煸餡蒸餃聞名遐邇，深受人們歡迎。邊家餃子因為肉餡是煸過的，所以叫煸餡餃子，但由於主人姓邊，所以人們都習慣稱之為老邊家餃子。

看著熙來攘往的人，哪兒是簡單吃餃子的地方。店家介紹說，老邊餃子館生產的老邊餃子素以皮薄餡大、鮮香味美、濃郁不膩、鬆軟易嚼而馳名中外。老邊餃子經現已發展成為海鮮類、肉類、素餡類等不同做法製成的老邊餃子一百多種，並研製成型各種不同檔次的餃子宴。我們吃的就是餃子宴，也不過一、二十種罷了。想像一下，在這樣的場合，一邊喝酒一邊吃餃子，似乎在外地很難見到的風情了。那天吃飯的場面彷如昨天一般：

老邊餃子的「九龍御鍋」著實讓客人們開了眼界，小勺輕撈，餃子上來，如果您撈到一個餃子，您就「一帆風順」了；兩個餃子是「雙喜臨門」；三個是「三羊開泰」；……十個就是「十全十美」了！一邊吃著瀋陽的特色老邊餃子，一邊聽著中國那博大精深的飲食文化，讓在座的客人眼界大開。不少人感歎：「瀋陽之行真是太美了，連吃餃子都有這麼多學問！」

前不久，我在成都的一條街上，似乎看見了一家老邊餃子館，也許是一家分店吧。這樣想著，下次如果有東北的朋友來，倒可以去吃一下，遙想當年在瀋陽吃餃子的盛況了。

將進酒

早知道成都的著名酒客冉雲飛喝酒很厲害，這不是一般的厲害，而是他要喝酒的話，一定就能把許多人喝趴下不可的人物。江湖有傳言說，他是半斤八兩不醉，喝好就睡的慣例。所以，在酒場上見到他的樣子是：頻頻舉杯，一飲而盡，豪氣干雲，這樣的喝法，常常把一些酒量小的人先嚇一跳。這倒也罷了，氣氛被他這麼一攪和，就是不喝酒的人也要想幹一杯了。冉雲飛說：「我這人要做就做到極致。寫文章要寫得最爽快，鑽學問要鑽得最透徹，喝酒要喝得最麻。」這樣的生活，也是自在。

李白在詩中這樣說，主人何為言少錢，徑須沽取對君酌。五花馬，千金裘，呼兒將出換美酒，與爾同銷萬古愁。這種豪情常常令酒客感到自豪，而這同樣在冉雲飛身上能看到。

俗話說，酒逢知己千杯少，話不投機半句多。但在冉雲飛看來，這喝酒是不講道理的地方，喝酒就是喝酒，別的都可不談，什麼工作啊生活啊，那樣反而會敗壞酒興。曉得的朋友在這時就雜七夾八地說著閒話聊著緋聞，各種段子都出來了，並且很快的變成了下酒菜。這時，我見到冉雲飛先對喝一杯，然後就喝開了，每人來一杯，不管是白酒還是啤酒，概不例外，如此這般，氛圍一下子就有了。

那天，一大群巴蜀網的網友在城南的一家火鍋店吃飯，喝過幾杯酒之後，冉雲飛嗓門開始大了起來，妙語連珠啊，好像是在酒的滋潤一下子跳了出來，比平時更加有趣得多。最後，一夥人在人南立交橋下的茶園喝茶，冉雲飛就倒在路邊呼呼的大睡了起來。有天晚上，我跟我家領導請冉雲飛吃飯，其實名譽上吃飯，就是想和冉雲飛喝一台酒。我家領導是不喝酒的，這樣的艱巨的任務就交給我了。其實我的酒量也不算多大，就是能喝白酒幾兩的吧，只好戰戰兢兢的上場。我說，酒逢知己千杯少，能喝多少算多少。喝多喝少要喝好，會喝不喝就不好。冉雲飛聽了大笑不已，說，我喝酒假若醉了的話，不是別人把我喝醉的，而是自己把自己喝醉的。這就是境界啊，那種別人灌醉的怎麼能比吶。於是，我一個勁地跟他喝酒，美食也不管了，佳餚也不在乎了。好像不喝酒就沒法繼續待在一起了——我到底是俗人一個。一會兒啤酒瓶子就有十多個了，還在繼續增加……

喝酒是件很好玩的事情，但是喝醉了就不好玩了。有次，四川大學中文系搞一次活動，我去報導，剛好冉雲飛也在。在一塊吃飯時又喝開了。在氤氳升騰的火鍋中間，只見筷子紛飛，酒杯碰得丁當作響。最後，怎麼回家的，我記不得了，反正是我家領導見我那樣地醉就很生氣，說我怎麼又喝醉了，我說是跟師兄冉雲飛也在，沒發生什麼不愉快的事。她才不言語了。

有酒才有快樂！最近冉雲飛宣佈戒酒了，這讓我們大夥有點失望，怎麼來著也不能這麼快就和酒絕緣了呀。後來，他又解釋說，是戒白酒了，其他的酒沒問題。呵呵，聽到這兒，我們就曉得他沒有脫離群眾，一樣有機會跟我們呆在一起好好地喝酒了。

不過，現在的冉雲飛就是啤酒，也越來越少喝了。甚至於喝到半路也有了撤的可能。這不能不說是令人遺憾的事。那些記憶只是留存在歲月的深處，偶爾回味一下，不覺間，有了些滄桑感來了。再想一下李太白的詩句，更是如此。且吧，再喊老闆，來兩瓶啤酒。

酒事二題

胖酒會

在網上混久了，難免會有物以類聚、人以群分的圈子。記不得哪一天起，我們突然成立了個胖酒會。當時也是好玩，就是幾個愛喝酒的胖子聚會，今天老楊請客，明天老王買單，差不多都是這樣的一回生二回熟的進行下去，酒喝到剛剛好，沒曾想這樣的活動，也有不少人參加，有時我們自稱腐敗分子，吃了喝了在網上的QQ群裏發一通感慨，就這麼一群人居然成了一個酒江湖：但沒有紛爭，有的只是酒的溫情。

那天，我們又一群人聚在一起，邊喝酒邊聊天，覺得我們該搞個組織啥的，但像喝酒協會似乎太正式了些，想了半天，七嘴八舌的出了不少主意，但都是餿主意。大家把酒喝完，還沒想出好的名兒，然後就很鄭重地說，我們下次喝酒再好好聊聊，這事得從長計議。

有那麼一段時間，我們就以這個名義聚會。大家嘻嘻哈哈地想名字，也沒人當正事，酒喝得差不多了才提幾個名字出來討論，大家就開始正襟危坐，正兒八經的質疑一下：給個理由先？提議者或心虛或酒喝多了，半天沒說出個完整的句子，很快就被大家一起嘻嘻哈哈地否決了：啥名字呢？不響亮，也不符合我們的最高目標。就有人問了，那我們的目標是啥呢？沒人解釋的清楚，很顯然喝的都有些高了。那就散會，各回各家，繼續思考去吧。

酒越喝越多，就像夜色越來越濃。大家的興致不減，還是沒有好的名字出現，這有點像傳奇一樣，必須有個一波三折，這樣才能夠意思的。

一次，我們又在一個酒吧裏聚會，音樂是老闆精心挑選出來的，很舒緩，讓人突然想慢下來。酒還沒上來之前，有個傢伙就說，我們都是胖子啊。對對。我們都愛酒啊。當然是啦。那我們就叫胖酒會吧。哎呀，怎麼回事？名字就這樣想出來了，那麼簡單！但這有點像一夥壞人組成的幫會也，大家還是毫不猶豫的一下子通過了。那天晚上是一個狂歡夜。

第二天，在QQ群裏，大家就定出了胖酒會的入會章程：第一，胖子。第二，愛酒。第三，既是胖子，又愛酒。第四，簡稱胖酒會。這話看上去多少有些廢話，一看名字就曉得是怎麼回事了。嘿嘿，這聽上去就有些酒的味道摻雜其間。

不過，酒對很多人來說，是一種華麗的誘惑。欲罷不能，當然，由此扯出的酒故事也就很多了，猶如段子一樣在酒桌上不斷掀起高潮。活色生香的世界，如果缺少了酒，好像也少了趣味，別的不說，就是幾個人坐在那兒，有了酒就有了興致，即便是不愛酒的傢伙也忍不住喊：給我來杯酒。

像胖酒會這樣的圈子，在我的周圍有好些個，有的叫後花園，一看就知道是女孩子談心的地方，有的叫圍爐夜話，談書講學問的地方了。參加這樣的圈子交流彷彿給生活打開了另一扇窗，世界原來如此的美好。

在網路當中，這樣的聚會也最有人情味。你不必擔心，下一刻鐘是不是該告辭，因為總有你感興趣的話題出現其間，讓你流連忘返。

拼酒

好久沒跟父親在一起喝酒了，所以春節回家自然要喝兩杯的。雖然老家喝酒的酒風趨向於豪爽，喝酒必拼酒，拼酒必有人醉酒才成。能喝一斤二斤白酒的人不在少數，但父親卻似乎每次喝酒必醉的。這次，我拿出一瓶酒，就著母親炒的幾個家常菜，就開始喝起來。父親喝了差不多二兩酒就來不起了。我也竟有些醉意，非要讓父親繼續不可，怎麼著他都不肯再喝了，最後自然是我醉倒了呵。

春節的時候，妹妹結婚，喝酒更是免不了的。那天晚上，本家的一個長輩先是怎麼著不肯喝酒，後來，酒都喝得差不多了，非要跟我喝酒。於是，兩人拿過白酒，用茶杯一杯一杯的喝，也不知道喝了多少杯，他漸漸地不支了。我還一個勁地叫他喝，那天自然醉的厲害，而那位長輩回家以後就開始哭鬧起來，很是熱鬧。當然我知道他一喝醉酒就會這樣，第二天他老婆來我家就怪罪我跟他拼酒。我只是說，爺倆好久沒見了，喝酒就喝個痛快嘛。雖然如此，下次喝酒的時候不免舊話重提，但再也不拼酒了。

我常常想古人寫喝酒的事情，似乎都缺乏豪情的，正是三杯兩盞下肚，不知心在何時，身在何處，什麼恩怨情仇來去自在，不過過眼雲煙吧。我們今天就做不到這樣的灑脫，反而拿喝酒說別的事情去，那就失去了喝酒的意義。

有一次，表哥到我家來，喝酒總是免不了的事情，起先兩人很隨意地喝，但很快他說，用小酒杯喝著沒勁。我也來勁了，說那就換大杯子嘛。接著就一人拎一瓶白酒喝開了。表哥喝酒有點不大耿直，喝著喝著他就不想喝了，倒酒時酒杯也不怎麼滿起，我當然不樂意，眾人也跟著勸說不喝了，我仍要繼續，表哥就說了一句什麼話，我反說了他一句，他就驚風扯火的大呼不得了啦，打人了。立馬把舅舅喊過來，鬧得很不愉快。說起來，這都是拼酒拼出來的不愉快的吧。

拼酒差不多都是這樣的結果的吧，儘管知道這樣，每次喝酒還都要喝個夠，好像不醉就不盡興似的。當今朝酒醒何處時，記起昨晚的貪杯，醜態百出，又追悔莫及。正如西諺裏說的，喝酒和生孩子沒記性，又還喝如故，周而復始。大概，愛好杯中物如我一樣的人，在即便不怎麼在狀態時，喝酒一定要喝個高興才甘休的呀，這樣的喝酒也不在少數，所以每次在老家喝酒都要醉好幾場。

我的朋友趙一曼在某次飯局上說，吃煙的人不可理解，喝酒的人倒是有趣。那一次，舉座的幾個傢伙沒有人端起酒杯，我一個人也喝得痛快。倒免得與別人說一些無關的廢話，倒是得到了不少的樂趣，多好啊。

現在談酒似乎是越來越沒勁的話題，大家似乎把酒事都淡忘了，結果大都是匆匆的吃飯，那就失去了聚會的意義了。我一直以為要是大家高興地坐在一起，沒有了酒，那滋味一定很不好受，不管有沒有美女在場，就是美味佳餚也會黯然失色的吧。所以，遇到那些不喝酒的場合，還是趕緊躲開吧，那面對眾人，做出的笑臉或說出的話語，多少是「陪」著的，真個是不舒服，去了有什麼勁。反正那樣的飯局多少也是無趣的。

喝個酒，也是越來越不容易的事了。

好吃嘴之城

成都人幾乎都是好吃嘴，所以餐飲特別發達。在成都居住多年的經驗告訴我，如果居住有問題的話，肯定那條街上餐館少。因為這個緣故，每次搬家，都要出門不遠的旁邊有家好館子才行，也不管是不是蒼蠅館子。這條件看似十分的簡單，其實要想有家中意的館子也難。畢竟是現在的餐館大都是以盈利為最高目標，完全做文化的少之又少，更別說兩者之間能融合著發展了。

初到成都的時候，我在武侯大道旁邊的一條小街上居住，那是還沒怎麼開發的地段，旁邊火鍋店林立，其他類型的餐館也有，不下十家。經常是不想煮飯，不妨輪流吃一轉，即便邀上朋友一起吃，也花不了幾兩銀子，端的是工薪消費。這既享受了生活的滋潤，又能體味到成都飲食的博大精深。

這樣養成的壞習慣就是每次搬家，首先考慮吃的因素，菜市場只是選擇中的其一，更重要的是小區旁邊有沒有幾家像樣的館子，沒得，那肯定是沒人樂意搬過去住的，即使租房的老闆把房租降低一下也不成。照這個標準看，當然選個好地方不易，但好在成都的美食街眾多，選擇餘地就大。等到搬到蓮花小區，才發現那是另一重天地。蓮花東路也是好吃一條街，燒烤之類的中外都有，即便是小吃也都有些古怪精靈，還時不時幾個留學川大的老外夾雜其間，說著蹩腳的川普，倒也有趣。儘管這兒的房價比別處高一些，也忍了。

有一個朋友也搞笑的很。因為喜歡這裏，就在街頭廣發傳單，邀集美女租個套二的房子，其意思是如此一來二去的去好吃街上吃飯，於是對美食有了依戀。還真沒想到居然有美女應招，沒過幾年，就成了一對夫妻出入美食間，想想有這等好事都叫人覺得成都安逸的很，哪怕只是一個簡單的理由就可以勾兌美女了。那些結婚的兄弟夥都覺得可惜了些，都怪自己對美女資源的浪費，要不，也能如此的浪漫一回。

現在，我住在一條不怎麼出名的小街上，各種館子居然也是林立的，看上去也都沒什麼名氣，就像張立憲說的那樣：「百度不到」的店店，一條街上的飲食店總是有的開業，有的關門，充滿了煙火氣，你絲毫不用擔心，某一天會沒有飯吃。一到週末就約幾個人出來：我們小區剛開了家「豬八怪」，過來試試。其實，那「豬八怪」，不過是如肺片似的，人家都看不上的豬身上的零件，像火暴肥腸、哨子蹄筋，做的別有一番風味罷了。他們立刻殺奔過來，這自然是美食帶動了大家的激情。這個週末生活可就多了些內容。

如果說居住改變城市，而在成都，則是美食讓居住更為舒適。朋友到我們小區來看，無不感歎美食：「如果沒有這個，居住的再好有什麼趣味呢？」這可不是誇張。因為在成都，美食就是一個極大的氣場。不管在哪兒，只消有美食，就一定圍著一圈人在那裏徜徉、流連。這樣的想法是每個成都人都有的吧。要知道，成都的美食雖然看上去不夠精緻，但卻如同成都生活一樣的美妙，猶如流動的風景線一般，把許多故事都串聯其間，也就成了一種難得的厚重。有時想一下，所謂樂不思蜀，還是沒懂得成都生活方式的有趣、有味、有料，還是沒發現這個城市的好。不過，正因為這樣，外地人才會乘虛而入，來到成都，享受難得的美食了。

康莊請吃飯

一日三餐實在是沒什麼好說的。這就像我們的日常生活，看上去沒有多大新意，變化也少，只是一步步地向前走而已，這也沒多少話可說，畢竟現代生活基本上就是一個快速的邁進，連吃飯都變得程式化，那就沒多大的意思了。好在，還有朋友的聚會，還有一次次豪情的酒會，讓我們忽略掉了那些不太重要的因素。

事實上，現在的吃飯對一群老男人來說，無非是喝喝酒、聊聊天的吧，端的是一個痛快就可。且說某一天，詩人康莊在電話中說，晚上沒安排吧。我正閒得不得了，就連忙說，沒得。那就晚上一起吃飯吧，在布後街的焰舞盈鍋。6點半到。開初，我還以為是一家鶯歌燕舞的地方，至少給人一點想像的空間。到了那兒才看明白，就是一家火鍋店罷了。來的人有小小說作家駱駝，幾個廣元市的文化領袖。他們是老朋友了，我認識的不過三兩個，這樣的場合不需要前戲（認識多久了並不重要），只要喝酒耿直不管白酒還是啤酒，先乾一杯再說話。吃火鍋就是一個氛圍的嘛。

那一天，吃了什麼好菜，似乎都不太重要了，也沒記住，只是酒在一個勁的喝，一杯一杯的來，先是白酒，後是啤酒。那時候，連我這樣酒量很小的人也頓時豪情了起來。著名詩人舉人家的書童則在一旁勸說，少喝點，慢點。再醉了我可不送你回家的。上一次，幾個人在一起吃飯，結果一不小心就醉了。這以後，只要書童知道的酒會，都要給旁邊的人提醒一番，生怕我再像上次那樣的醉倒。

不過，對一個愛酒而酒量又不是很好的人，這樣的尷尬自是難免的。要知道這事說來看似簡單，你不去碰酒也就沒事的了，但那時心裏總是癢癢的，那種滋味猶如熱戀中的男女相遇，總不免想入非非一番的吧。而這一次，我還是把喝酒的節奏控制到了，開初只是慢慢地喝，這樣的結果是酒是一樣的，戰線拉長了，自然酒精的濃度就少了一些。也許只有時間才能抵擋住這一切的吧。

那天，大家飯也沒怎麼吃了，我當然知道這接下來的結局，就趕緊來一碗蛋炒飯。本來一個好端端的飯局，很容易就變成了赤裸裸的酒會，有人很快醉倒，但那不是我。這讓我想起了在二〇〇九年的某些夜晚的故事來，有很長一段時間，因為跟康莊是同事，就經常一起吃飯，一起耍。要是兩個人，鐵定分一瓶白酒，人多的話，也就需要更多的酒了。有次，我跟他在玉雙路的一家兔頭店吃飯，居然喝了幾瓶啤酒，就有了醉意。這樣的一路喝下來居然酒量沒多大的長進，真是有些慚愧了。

其實，在成都這樣一個城市裏，儘管城市不是很大，要是經常聚在一起，也是難得的雅事。因此為了表達大家還有生活的激情，就只有吃飯喝酒一途了。哪兒還顧及其他呢，在飯局上，更需要一種「雄起」的勇氣，否則那簡單的日子也就變得更為乏味，連日子都沒了想像力，那過著還有什麼勁？吃飯往往成了聚會的藉口，至少在那樣的環境裏，能讓荷爾蒙激增，讓夜晚跟著翻騰。

所以，有時候請吃飯，就不僅僅是有什麼事情要談。如果有，基本上是在喝酒之前就已經談的七七八八了，在酒中繼續下去，問題準能解決。然後就是正兒八經的吃飯、喝酒。不管是兔腦殼還是鴨舌，還是火鍋，都不太重要了。

對美食的蓄意投奔

蜀地之所以被稱為安樂窩，很大的程度上是在於生活的自在。這自在既是瀟灑，也有寬容度在。也許正是因為這樣，很多人才向成都奔來，從此再也不想離開，這兒成了許多人的終老之地。

像我這樣的傢伙，多少也是古怪中的一類，一九九七年到了這兒讀書，每次離開的時間都很短暫，但卻從不說成都話。這樣廝混多年，也沒混出名堂來，倒是結識了不少有趣的人物。這都是值得一說的。成都在我看來，更有另外的一重涵義。美女自不必說，就連酒都是數得出名堂來的。這對我而言，簡直是正中下懷。一不小心，喝酒就高了，也許是酒量實在是太有限，怎麼著都無法表現出大塊吃肉、大碗喝酒的風格來。不過，這還不是最重要的。

重要的是在這裏很容易成為好吃之徒。以前，在北方居住時，終日饅頭麵條稀飯，花樣即使再翻新，都是以麵食為主打。下飯菜也不是很多，哪兒考慮到好吃不好吃，有的菜吃就是謝天謝地了。剛到成都那陣兒，什麼都覺得美味非常，即使是吃涼粉拉起肚子來，也覺得在所不惜。那以後，對美食的偏好還是漸漸的多了起來。好在經過多年與辣椒、花椒的戰爭，胃還能承受的了。

那一次次的與美食的交流，而不是交鋒，讓人覺得快意的同時，也不知不覺變得豪情起來。我想，這都是美食惹的禍。詩人、美食家石光華說：「面臨這麼多層出不窮、對口舌和腸胃乃至內心都充滿誘惑的美味佳餚，誰也無法小吃。誰到了成都，沒有在麻辣鮮香的紅湯中經歷一場火鍋之戀；沒有在五香兔頭、香辣鴨舌、泡椒龍蝦的冷啖杯中，與幾乎無窮無盡的夜啤酒共用一次浪漫的休閒；沒有被絕代雙椒的魚頭、被醋到心動的鱔段粉絲、被江湖得叫人滿眼都是好漢的大刀耳片，撩撥得一個酒樓又一個酒樓地瘋趕，……那麼，誰就應該把自己的味覺、嗅覺甚至很多感覺器官，親自拿到醫院裏做檢查。胃癱瘓比人癱瘓更糟糕，味冷淡比性冷淡更悲慘。」

這不是把成都的安逸歸罪到美食頭上的問題，而是這樣的誘惑對很多人來說，是無法抵擋的。這還可以理解為是我們的胃需求是一個美食的世界，而不是一個素食的天堂。這樣說，可能很多人會反對。但就我的經驗來說，如果我們把吃這一塊的內容剔除了，生活還有多少趣味可言，即便是再偉大的事業也成了教條主義下的犧牲品，反而見不出一個世態的真情。

當然，在成都的美食經驗告訴我，那些遠離故土的人們，之所以選擇在成都住下來，是對美食的蓄意投奔。這樣的投奔讓我想起了第一次吃火鍋的經歷。那一回，看著紅湯翻

滾，香氣襲人，就忍不住把筷子放進鍋裏，夾起一坨牛肉來，辣、麻……都出來了，那簡直是五味雜陳。汗也跟著出來了，但那種痛快是無與倫比的，至少跟以前的吃飯有了不一樣的體驗。在麻辣之中，猛喝啤酒，以此驅散心中的辣味。那一餐下來，自然是上火了。而且是很厲害的那種，害得我幾天都不大舒服，由不得自己多想一下，是不是以後該拒絕這樣的食物。當下一次面對時，還是忍不住去嚐一下，這即使上火也不惜的架勢著實是有了些誇張，面對美食，如果表現得無可奈何，就像喝酒時，有一個人叫板，你無論如何是不肯低下頭的，所以，這樣的場面接下來大都是有人醉倒為止。

這樣的豪情是長期鍛煉出來的。因為在成都吃飯，不管是哪種飯局，如果你不喝酒，而只是喝營養快線之類的東西是要被人笑話的。不過，在下次再聚會時，就有了新的段子。這樣的飯局總是在喜劇中收場，投奔以完美的姿態結束。

第五輯

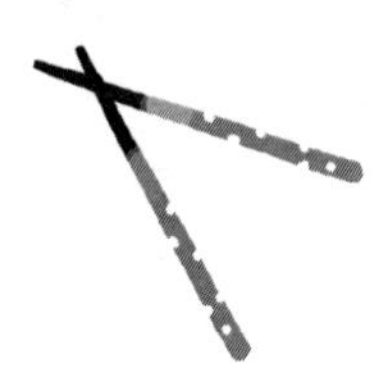

那些難忘的飯事

曖昧的晚餐

晚餐的意義在於讓我們分享一天的結果。更多的時候我在猜想，是不是我們離開了晚餐，一天就不完整了。至少是看上去是不那麼完整的吧。所以，儘量要把晚餐弄得有情調一些，有意思一點，這就好比是簡單的日子，亦需要有驚喜出現。如果一眼把一輩子的日子都看穿了，那還有什麼意思呢。

於是，我們習慣於把晚餐搞得豐盛一些，搞得跟另外兩餐有顯著的區別，花樣再翻新一些。這麼著，晚餐的必要性就顯示了出來。然而，這還有另外一種感覺，晚餐的氛圍決定了晚餐的質量，每次去館子裏吃飯，兩個人，或幾個人都不太重要了，重要的是在那兒有一種欣喜，彷彿一場秘密的約會。但又不知道接下來的一場該是怎麼樣的情景。

因此，如果把晚餐比喻成一場探險也毫不為過。我剛到成都那陣兒，還基本上是屬於害羞的男人，即便是頗有情調的晚餐會上，兩個人也覺得有些難為情似的，點菜、吃飯，這中間包括了太多的內容，我因而小心翼翼地進行著，生怕破壞了氛圍。旁邊的一對男女邊吃邊調情，我看過去，注意到的是一個故事。但那樣的故事跟我沒多大關係，或者說，我不會也那樣做下去，曖昧，也就打了折扣。跟女孩子約會的技巧的缺乏，也許正是青春年華的表現了。儘管我不滿意這樣做，也試圖努力糾正一下，但都收效甚微。

那時候在四川大學的校園裏有一條叫文化的路。因為距離近，消費又很一般，相對生活開支有些拮据如我的人，在那兒吃飯似乎是首選了。相對食堂的單調乏味，那些小館子還是有精彩可言的。我可沒少去那兒，先是去逛逛書店，然後就去吃晚飯。這樣的安排時常被打破，總有女孩子在這時候出現。她們好像是專門為晚飯而來的，於是就找一家館子坐下來，要安靜一點的，能聊天。那時候聊天似乎也沒多少話可說吧，總離不開校園裏的是是非非。以後，在成都的另外一些場合，依然是兩個人吃飯，議論的是各自單位的是是非非，無他，這晚飯就變成了消遣，一道甜點。開心也好，沮喪也罷。這樣的一個夜晚，不怎麼豪華的晚餐，都有些令人想入非非，至少於我是這樣，不管最後的故事是怎麼樣的，都似乎有脫離軌道的可能，從而演變成另外的故事。

這可不是多餘的。在一個有情調的夜晚，你能拒絕想像嗎？顯然是不大可能的，畢竟我們都是凡夫俗子，哪兒有能力拒絕的了？村上春樹的風靡也讓許多這類的故事轉型，晚餐之後，照例是散步，猶如一段連綿的故事，需要不斷用高潮來消解那其中的能量，如此才算得上完美吧。

這樣想來，才覺得有許多機會白白地浪費掉，實在是可惜的很，那時候還不懂得一個晚餐對年輕人的重要性，因此也不會引起足夠的重視，當你明白了這其中的玄奧，那些一起吃飯的人已經雲散，只留下一個孤獨的夜晚給自己，只有一個字可以形容這：慘。

曖昧這個詞，不管是不是為晚餐準備的，都成了過去。現在倒寧願幾個人在一起吃飯，喝喝茶、聊聊天，都不需要那麼多的鋪墊，吃完飯，如果還有興致，就安排其他的節目，或者就此打住，各自回家洗洗睡了。晚餐的樂趣不知怎麼著也就盡失掉了。也許隨著年事的徒然增高，就遠離了那些虛榮浮華，只消在晚餐中浮光掠影的點綴一下，就足夠了。

端午

端午的情事

童年總是美好的回憶。雖然有時候看上去有些寒磣，要玩具沒像樣的玩具，至於玩伴也是少的可憐。但於今回想起來，在那樣的歲月裏，要有樂趣只好自己獨自找去，雖然最終也未必是如意的，倒也讓人覺得這日子有幾許的美好的吧。

在北方的鄉村人家裏，一個孩子的童年大抵是有些蒼白的，這蒼白反映在生活上的貧瘠，就像本來就不多的食糧當中，被挖走一坨，其結果是更加貧瘠了。比如對肉食的熱愛就是其一，常常聽說誰家的孩子能吃一碗肥肉，不帶吃其他的東西。不管你說他是「貧」還是許久沒吃過，都沒關係的。因為大家對一個孩子的態度還是寬容的。不過，在端午節上，每家每戶還是儘量把食物弄得豐盛一些。

端午節，又稱「端五」或「端陽」。「端」是開始的意思。《風土記》裏說：「仲夏端午。端者，初也。」每月有三個五日，頭一個五日就是「端五」。農曆的正月開始為寅月，按地支「子丑寅卯辰巳午未申酉戌亥」順序推算，第五個月正是「午月」。古人常把「五日」寫成「午日」，所以，「端五」也即「端午」也。

在中國的傳統文化中，端午節本來是紀念詩人屈原的，要喝雄黃酒，洗澡的——可以不生痱子，還要摘一把艾草回家，掛在門口，有驅蚊之功效。因為端午節與農忙相距很近，不管是不是忙著，早上照例是煮上鴨蛋、雞蛋、鵝蛋之類的，還要燒上一些蒜吃。自然沒有粽子這一說的。最令人期待的不是早餐，因為這些東西儘管平時不怎麼吃，你隨便吃幾個也就夠了。

中午，如果是太忙的話，午飯就可能簡單一些，畢竟小麥相比於午飯，重要的多。如果是不太忙的話，也許可以炸油餅吃，或者包水餃，這兩樣在平時是很難吃到的。油餅是早上就發好的麵團，到了中午，剛剛好可以做油餅。水餃不是素餡的餃子，而是特意從集鎮上割回了肉包的。那時，小孩子就不必外出，就待在家裏了。遇到有好吃的，當然少不得給周圍的鄰居送一份過去，你送過去，主人家總不會讓你空手而回的，就帶了一些諸如炒肉之類的回來。有幾年，村裏的池塘還養一些魚的，到了端午節的這天，是要捕魚的。這是小孩子最樂意做的事情，因為一頓帶魚的午飯比其他的吃物更來勁一些。

每年的端午節都是這麼過的。沒有驚喜，也少有例外，至於屈原的事還是以後讀書才曉得的——那是多年以後的事，龍舟賽從來是沒有過的。這些瑣碎往事越來越遠了。也許是那時的生活太世俗，太平淡的緣故吧，以至於端午節上的禮儀消失掉了。

陸游有詩云：重五山村好，榴花忽已繁。粽包分兩髻，艾束著危冠。舊俗方儲藥，羸軀亦點丹。日斜吾事畢，一笑向杯盤。這樣的端午雖然未曾經歷過，但相對於紀念屈原來說，在小孩子看來，更應該是一個飲食的節日了。

與粽子相關

在詩人看來，這一天是對屈原老先生的紀念。但也只是紀念一下而已，有時甚至搞成了狂歡節，吃喝玩樂一樣不能少。不知道屈原見了這樣的場面，是不是要唉聲歎氣一回的呢。

在我的世俗印象中，每到端午臨近時，菜市場便出現了青青的蘆葉，這時，還沒包粽子，眼睛先已一亮。記得兒時，自家包粽子的情形來。先是用一個大水桶裝半桶水，當嘴咬麻線包扎出來的各種粽子漸漸放滿水桶時，便頓時來了節日的氛圍了。糯米做的生粽子要用水浸泡疏鬆了，再放如大鍋燒熟，要大半天時間，否則就會米夾生不熟。吃自家的粽子，蘆葉清香，青青入眼，吃的就是那份情味、那份熱鬧。粽子的風情也就是這樣的迷人。

現在，粽子幾乎到處都有得賣，不單單是過端午節才吃的，平時也很容易吃到。這種粽子具有風味各異，且方便食用，因而很受人們的歡迎。在我住的附近有家早點攤，每天都賣包子、油條、粽子等早點，每次我都是毫無例外的吃粽子。這不是這家早點攤做得粽子如何好吃，也不是那粽子的清香勾引起我的食慾，而是那粽子總讓我想起自家的粽子來，大有不吃不甘休的樣子。這又讓我想起一家小吃店的名言來：「第一次來不是你的錯，第二次來不是我的錯」。假如我們的生意人都做到這份上，無論老闆和顧客都更爽的了。

然而，現在市場上的粽子質量可謂良莠不齊，你無法分辨好壞，只有試吃一回才知道呵。所以，對粽子的形狀我是很在意的。比如在我居住的菜市場有家賣粽子的，其粽子形狀粗大，看是不大好看的，而吃的人居然不少，常常是去晚一步就買不到。我沒有去光顧過，不是我不喜歡那種粗大的粽子，而是我怕自己受不了那美味的誘惑，一吃而不吃膩就不可甘休。我這樣的人總嫌過分了些——遇見美味總想一次吃個夠，因而對許多的美食我是不敢涉獵的。總怕有一天對它們沒有什麼胃口。

這都是現時的風景了。在老家，以前的端午節都是沒有粽子的，更別說飲食上有什麼花樣了。知道屈原的人可能更少了，也許更多的是跟農事有關吧。這又有什麼關係呢，畢竟是一個節日經過多年的流傳，最後可能只剩下形式了，其他的都不重要。不是我們的記憶出了問題，而是歲月中的衍變總是出人意料的。

煮酒論友

杯酒王不了

在成都的酒江湖上，一般喝上半斤八兩的人還稱不上好漢，有些酒量小的同志在這種場合就顯得有些不大合群，至少在大家不斷乾杯的時候，一個人默默地坐在那裏，實在無趣得很。要是我，哪怕酒量不行，拼了老命也找個人單打獨鬥。當然，這不是辦法，因為大家在一起喝酒不是一天兩天的事情，早晚會有人把這套把戲看穿的。

卻說，貴州好漢王不了不僅僅破了這個規矩，乃至一杯酒照樣行走江湖，你不稱他為大腕硬是不行。最早認識王不了是在博客上，後來參加了一次飯局，他只要一杯啤酒，不斷地跟這個碰杯跟那個碰杯，好似喝酒很厲害，而最後大家發現，他居然一杯酒能支持全局，每個人都照顧到，不是厲害人物又是什麼呢。

說起來，這可大有學問，梁山好漢武松曾遭遇三碗不過崗。結果他打死一條大蟲。王不了也有個段子跟這個相類似。據說，有次飯局上遇到一絕世美女，互相頗有好感。誰料想一個兄弟過來跟他拼酒，在美女面前，哪怕是再怯懦的男子也會表現出英雄氣概，何況是熱血王不了呢，這時候一定是不輸場的。於是，王不了跟那人對喝了一瓶啤酒，沒想到，王不了居然醉倒了，那美女也不知什麼時候走掉了，兩人自然沒戲。

有天，我們在萬里號組織一飯局，王不了殺氣騰騰奔來，非要一醉不可。我們以為他遇到什麼不順心的事了，不想，王不了半句話都嫌多，非要喝酒不可，我們知道他的酒量就勸他，王不了才道出實情，原來是他老婆鑽研《紅樓夢》，把他忘記在大觀園裏了。如此一說，我們呵呵大笑。接下來大家又發現，王不了一杯酒還沒喝，我們每人都乾了好幾瓶。這顯然不合乎江湖規矩，美女嘉人說，要不，我們把他丟進河中算球。有個兄弟跟著說，這不行，他不喝就散了吧。王不了見這陣勢立馬就把一杯酒喝下去，這場酒才繼續下去。這種陣勢一般是不喝到天昏地暗是不會甘休的，而王不了則悠閒地坐在一邊給我們拍照片，或者欣賞外面的風景。

話雖如此，我以為也不能否認王不了喝酒的英名。因為有酒會，不管他有多忙，都會立即參與進來，活躍了很多場沉悶的氣氛。而喝到最後，讓我們在酒醉的時候還能有人照顧著計程車師傅將大家一一送回去的，只有王不了。

與楊大師喝酒

梁實秋說，男人三天不吃肉，嘴裏能淡出鳥來。一日不可無酒的話，對楊大師來說，是一樣的寡味的。在我還沒認識楊大師之前，就是聞名已久的人物了。有不少人以能跟楊大師一起喝酒為榮，儘管不是他的對手。我也是其中之一，但我們一見如故，頻頻在一起喝酒了。

楊大師本名楊方毅，一直在做餐飲，也許是因為出入各大酒樓酒吧的，浸潤日久，酒量才驚人的吧。據說，有次，幾個喝酒很厲害的傢伙想把楊方毅喝醉，只見他握著酒杯的手輕輕一轉，頭微微後仰，杯裏的最後一口酒「咕咚」一聲下了肚……那種技藝是別人所沒有的。很快，他把幾個人喝得七倒八歪的，而楊方毅還在繼續喊上酒。於是，他一舉成名，大家就稱他為楊大師了。當然，這不是最主要的，而是他喝過酒，表現出的良好酒品。

楊大師的做法常常讓我想起古龍來。古龍不是詩人，他嗜酒如命。他筆下的李尋歡是不可一日無酒，蕭十一郎是千杯不醉。飲酒的李尋歡多情多義智慧過人，雖有飲不完的酒卻消不了心中的愁。蕭十一郎是似醉非醉，深不可測。那種豪情是我們一般人無法想像的。楊大師見了誰，都說，我們下次一定喝酒去。我有個朋友，跟他很要好，可一聽他說喝酒就有些害怕了，趕忙說，我們不喝酒，喝茶。他立馬說，喝茶有什麼勁？不能喝酒的人還能在文化圈裏混？但大家都不以此為意，反而呵呵大笑。可見，楊大師的魅力是無盡的。

有好長一段時間沒有遇見了楊大師，我也搞不明白是不是跟他喝酒不痛快的緣故。有天，我們在飯局上又見了。楊大師一見，就笑起來，說，一般是見不到啊，有飯局的時候就遇到了啊。我跟著說，這次我們一定好好喝酒，不醉不甘休。他一聽這話就來了精神，說，好！不醉不歸！當然，我不是他的對手，在喝了幾瓶啤酒之後，我就來不起了。他見這陣勢立馬說，我們換場地去。剛好，有朋友約著到另外一個地方喝酒，本來我不打算去的，但楊大師說，沒事沒事，大不了醉嘛，說實話，我還沒有遇到對手呢。於是，我們打車，雄赳赳、氣昂昂地奔赴「戰場」，那邊已是一團混戰了，楊大師一來，大家都鎮靜了下來。這次喝酒之後，我實在是醉的不行，最後楊大師把我送回家了事。這就是他喝酒的風範。

打這次酒會以後，我跟楊大師經常在一起喝酒。有時，他有飯局，就把我喊上，自然，經過如此這般的「酒」經考驗，酒量也上去了不少，也開始跟別人叫板、喝酒了。有時表現的很勇敢，其實，在我內心深處是懼怕喝酒喝醉的。楊大師有回對我說，人在江湖，身不由己啊。有什麼辦法。可見楊大師也有自己的無奈處了。

說起來，與楊大師在一起喝酒的次數也不少了，可我還是不大敢逞強，要跟他頻頻乾杯的地步，因為最後醉的人肯定是我，而不是楊大師。

平安寨的晚宴

也許是由於對野菜的偏好，去一個地方旅行，除了那些地方名吃值得關注以外，就是那些可口的鄉野小菜了。不那麼珍貴的小菜，在田間地頭可見，甚至於是被當地人忽略的吃物，放到餐桌上來，都有別樣的感覺。即使味道不是那麼如人意，也在所不惜了。對於山野小菜，更是令人鍾情的了。

去桂林的第二天，組織方安排的是去龍勝縣的龍脊梯田。晚上住在壯族人家平安寨。這平安寨，位於龍脊梯田的最頂峰，海拔一千二百多米，人口大約八百多人，一百七十多戶。平安寨來說最高的梯田是八百多米，最低的梯田三百五十米。我們到的時候已經是傍晚了，但還是跑到觀景臺上去拍照片。我之前看的資料介紹說，龍脊梯田之所以出名，就在於它的恢宏磅礴的氣勢。看梯田如畫，果然不虛，也許雲陽梯田也是如此的吧。雖然田裏沒有秧苗，自有一種氣派在。

店老闆阿仇開的酒店還沒取名，大家認為取為天涯客再好不過。晚上就在龍脊人家吃飯，這地方距離酒店差不多四五十米遠，算是酒店的餐廳吧。吃的幾乎都是當地的壯家土菜，每樣菜的分量都很足，鮮筍，特別美味。艾蒿饃饃的艾蒿也是從田間採回來的，一盤苦瓜炒蛋似乎也別有一番風味了。

阿仇早就準備了許多瓶自家釀造的米酒，不是普通酒瓶裝的，而是豪華的飲料瓶，一瓶比得上好幾瓶酒。三四十個人擠在一起吃飯，不管是吆喝還是吼聲，怎麼著都有一種很震撼的氣勢在，喝酒的傢伙自然是先扎堆在一起了，我們坐那一桌的基本上都是酒鬼級別的人物，自然酒的需求量是最大的。這米酒分為兩類：白的和黃的，開初大夥還能分得清自己喝的那一種酒。喝著喝著，大家一起吼一嗓子，我一不小心就乾了一杯，再滿上，如此接二連三的，都沒覺得這米酒有什麼厲害的。畢竟是七十多度的江津老白乾都喝過的嘛。旁邊的酒鬼說，這酒要慢慢喝才好，急了很容易醉倒。但誰還記住這些，別人把杯子都舉了起來，一飲而盡，你不喝下去就是不耿直，不仗義的了。

許多人都是初次相見。比如來自北京的如風，比如來自西安的書吃，我早就在網路上熟悉他了，甚至於跟著他的帖子神遊了下他的書房，這次相見，那當然不是情人相見分外眼熱，而是不免聊起了互相熟悉的朋友，這話自然是越說越高興，酒自然是先喝了再說。然後就爽快的約定，不管是在成都還是在西安，有機會見了先喝一台酒再說。

於是，酒越喝越多，老闆不停地喊加酒，好像酒喝起來就沒了個盡頭。那些杯盤還沒有完全狼藉，已經有人醉倒了。幾桌人也互相走動了起來，大家有什麼話，不管值得不值得說的話，似乎都懶得說了，直接在酒中見分曉就是。哪兒還有那麼多的廢話呢，酒就是大家的愛物了。

也許大家往酒店走的時候還有幾分清醒，回到酒店，幾個還沒喝過癮的傢伙嚷著再來，畢竟在這山寨，夜晚靜寂的彷彿世外桃源一般，連汽車聲都沒了，除了喝酒玩樂也沒更有趣的事要做了，但還沒等大家坐在一起，都倒在各自的房間裏忽忽大睡去了——酒香亦醉人。

這樣的場合最適合豪情一下，那些來自田野的菜蔬我居然毫無意外的忘記了名字，再也無從回味的起，就是它們的名字似乎也尋不見了。也許需要下一場酒才能喚醒。

大排檔裏的歌聲

一直比較喜歡在露天的蒼蠅館子吃飯。這喜好可能更多的是來源於對熱鬧氛圍的追逐，確實，在飯館的所謂雅間裏吃飯，你就得小聲說話，喝酒也不能盡興，生怕一不小心就成了低俗的人。然而，吃飯就是吃飯，哪兒有什麼高雅低俗之分，想當年的皇帝老子還不是一樣的吃喝拉撒，今天的人又豈能例了外。

理論上是這麼說。實際上是吃飯是要講個快樂的，如果悶悶地吃飯，那還是不吃為妙的吧。在北方有稱為大排檔者，不過是街邊飲食而已，熱鬧倒是熱鬧，卻缺乏一種意象美。而在川西則冠以好吃街，街上至少有幾十家館子聚集，味道、風格各異，無疑，只有好吃的攤攤才會留存下來。這樣的場合，海吃海喝都沒得人管，你吆喝唱歌也是的，只要你臨走不忘記付銀子就成。儘管這有擾民的嫌疑的，但這卻給食客帶來了無限的安逸。

在大排檔吃飯，少不了唱歌的。一首歌十塊錢，你可以自己唱，也可以點唱。那些服務員清一色的來自安徽，我都驚訝什麼時候安徽有這麼多有才藝的人。他們年紀都不大，一道晚上就背上吉他，就到這些地方吹拉彈唱，生意好不好，是很難估計的，也是一個掙錢的門道吧。在蓮花東路，每次出來吃飯，都遇到好幾撥，你拒絕了一撥還有一撥的到來。有時在串串香的店裏也是這樣。由不得你想著在酒精的作用下，不管如何都要歌唱一把，看看自己的青春年華，哪怕她已經消逝在某一個角落了。

不過，吃法唱歌不是多麼稀奇的事。有一年的國慶日，我跟情感專家楊不易、著名學者冉雲飛跑到峨眉山去參加一個活動。晚上沒去酒店吃飯，而是在好吃街上撿家館子坐下來。這好吃街位於市中心繁華地帶白龍南路峨眉大廈旁，僅三百米長的街道兩旁竟有攤位二百餘家。因為去的較早，還好沒遭遇熙熙攘攘的人群，等我們從館子裏出來，那可真是人山人海一般，嘈雜非凡。

於是，我們剛坐下來，就喊老闆搬一件啤酒上來。等豆花魚端上來的時候，就已先喝上了。一碟小吃端上來，立馬被消滅掉了。吃的是豆花魚，這魚的做法很是簡單，先把魚煮好了端上來吃就是。大家喝酒、聊天，不亦樂乎。

然後，我們輪流著站起來去喝酒。一圈下來，十多個人，每人碰一下杯，這叫過關。就這樣，你喝一輪，別個也要回敬一輪，閒暇時「再加深印象」，也不曉得喝了多少酒，忘了吃魚，後來，草草對付了一下。接著一小妹拿著歌單過來。有的唱到半途，跑調了；有的唱的聲情並茂，叫個「好」字，自然要喝酒。唱歌，我自然不能跟老楊、冉雲飛相比，冉雲飛的飆歌我們是領教過的幾回了，那歌聲渾厚的可以跟騰格爾相媲美，老楊雖然很少唱，最起碼還能來兩隻蝴蝶啥的。這可就難為我了，我什麼都唱不來，引為平生一大憾事，喝酒還可以勉強對付過去，吃煙也無所謂，最怕唱歌二字。想來，這時除了喝酒，就是先出去躲一陣子了。

後來是怎麼對付過去的。也許我想唱下崔健的歌，但小妹根本不曉得崔健是哪個，也許我好歹唱了一首，勉強蒙混過關也未可知。其實，這時不會唱歌也沒什麼要緊，五音不全並不是錯的嘛。但像我這樣有點自卑的人，就難為情了，只好以酒來掩飾內心的尷尬。

所有的鄉愁

花見

在老家生活的時候，雖然物質不是很匱乏，要說吃的怎麼好，的確算不上。菜更是少了許多，夏天是最多的。春天除了冬天留下來的菜，就沒什麼了，倒是有花可以吃。常見的是槐樹花、南瓜花。

槐花又稱「槐蕊」，花蕾則稱為「槐米」。槐樹在北方常見的很。我家院子裏有一棵槐樹，一到春天，滿院子都是槐花的香氣，找根竹竿就能採摘下許多槐花來。

不過，槐花的吃法也極簡，不過三兩樣而已。淘洗乾淨之後蒸著吃（老家並不將它稱為「槐花麥飯」），或者做成槐花餅。拌菜、燜飯均可，亦可包餃子。此時，我想起一個名叫還叫悟空的幾句詩來：槐花帶露采回家／被她掛在耳朵上／滿屋都是小叮噹。

南瓜花開的胖大，有些笨拙，卻是花柄、花托、花冠都能吃，只消花柄去皮，花托去表，花朵去蕊。但我們是極少吃南瓜花的——只能吃「空花」，因為期待著開花結出南瓜來，但相比之下，南瓜花的營養價值更大一些。南瓜花可用來炒雞蛋，南瓜花切碎，然後和雞蛋攪拌，好像炒雞蛋的炒法，炒好即可。另外，南瓜花洗淨，將花瓣撕成大塊，棄去花托、花蕊，放入沸水鍋中稍焯一下，迅速撈出，瀝乾水分，加入味精、精鹽，麻油拌勻即成，也是美味的很。

不過，在老家一般是拌上麵粉，炒一下，然後下麵條吃。這樣的吃法可能有些怪異，但在老家卻是習以為常的，至少我小時候的印象是這樣。

地衣

少年時代，夏天，總是愉快的回憶。那時候我還不是胖子，現在倒覺得夏天稍微熱一點都是挺難受的事。夏天的美食在北方還是有點多。最主要是還有一些不常吃到的菜也會遇到，比如地衣。

有人說地衣就是苔蘚，但苔蘚是不可食的物件。它又名地耳，地菇在老家，我們稱它為「地眼皮」，大概是因為它的出現猶如大地的眼皮吧。

地衣是在下過雨之後長出來的，一到晴天就消失不見了。所以，雨過還不待天晴，就到河灘的草叢中找尋了。一個下午能找到滿滿一小籃子的。

採回來了地衣，將它們淘洗乾淨，加上蔥花、辣椒啥的，墨綠色的清炒地衣，配著紅色的辣椒絲與綠色的蔥葉，煞是好看，還沒等上桌，清香就飄過來了。當然，條件好一點的人家，可以炒肉絲，也是很不錯的一道菜。

現在有的商場也有賣地衣的，從包裝上看，很不錯，但那都是硬邦邦的乾貨，需要用水浸泡開來才好。儘管還有地衣的味兒，卻少了來自自然的清香。

小吃

記得在老家時，早餐不過油條稀飯，或一碗豆腐腦啥的，基本上就能解決問題。有什麼小吃呢？實在是想不出來了，就上網查一下，結果發現捲饃也成了名物。所謂捲饃，不過四川人所說的花捲罷了。做法稍微比饅頭複雜點兒，每家都會做的，怎麼就成了名物，奇怪奇怪。

面蠶豆、煎涼粉、小肥羊、烏江魚、過橋米線、油盤麵……這些居然都是名物，但怎麼著都跟著印象中的有出入，想必是現在的說法吧。面蠶豆也就是胡豆罷了，雖然在不同的地方名字不一，好像很多地方都有，只是吃法有差異的吧。小肥羊、過橋米線，怎麼不能算是當地名小吃的。油盤麵是怎麼的一種麵，沒吃過，也就不好評價它的好壞了。

如果說名物，我想茗粉算一個，可這也是到處都有的東西。那種細細的粉條不似吃火鍋的寬粉，或煮或炒，都成，吃起來也特別有勁道。以前，一家的一年收入全靠這個的，我也曾跟著大人去新蔡、阜南賣過茗粉的。不過，這都是久遠的記憶了。

還有乾豇豆，是豇豆熟了時，吃不完，就在滾水中過一下，然後晾曬。到了過年都是不可多得的吃物，我一家在外地的親戚每年過年都要一些乾豇豆，用來招待客人。但這好像也算不上小吃中的名物。

現在對很多找不到故鄉的人來說，所謂鄉愁，不再是對故土的依戀，而是因為有了美食的回憶，才變得更為具象一些。尼采說，假若沒有釣到東西，那可不是我的過錯，那是無魚可釣。鄉愁可不是這樣的嗎？

我愛豆豆

親愛的土豆

也許是因為對飲食不是過於敏感，只要是煮熟的東西，也不問好壞，都能吃下去。但對於土豆，那可真是愛恨交加，有段時間，單位的同事點飯每餐必點土豆絲。但那家店做的土豆絲不管是什麼味道的，都做的十分難吃。而且土豆片切的闊大，簡直跟吃火鍋時的土豆片相媲美了，上面再點綴幾絲青椒，看上去絕對不是賞心悅目的。

有時看到這樣的土豆絲，恨不得自己下廚，也許我切出來的土豆絲比他的還要細一些，至少看上去不是那麼誇張。我因為常常練習切土豆，因此刀工的技藝是很好的。偏偏是老婆切土豆絲也是如此的闊大法，很讓人受不了，於是，就自己動手，即使是削土豆皮這樣的小事都在做，誰叫自己是那麼的喜愛土豆呢。

對於土豆的吃法，我更是熟悉的不得了，簡單的就是做泡椒土豆絲之類的，除此之外，還可炒可煮可燉，土豆泥更是不在話下。成都有家德福樓做的土豆泥很是不錯，每次去吃飯，幾乎是必點的菜。後來我在昆明的得意居吃到的土豆泥可以和這個相媲美。其他吃到的，幾乎都可以說是勉強。

每次去菜市場，都看看土豆，因為它頂能放，就成了家裏的常備菜，實在是懶得出去買菜了，那就炒土豆吧。我以前有位同事，也有這個喜好的。據說，他們家買土豆跟土財主似的，都是成麻袋的往家裏運。想來，差不多每天都至少要吃一顆土豆的吧。我的朋友地瓜畫漫畫，就將男友稱呼為土豆了。那則是另外一段故事了。

有段時間我在家裏試種土豆，沒有成功，這事說來簡單，但太費事了，又懶得侍弄，只好放棄了。但如果真的是沒有土豆的話，那對於我，日子可真不知是什麼滋味。

豆腐，豆腐

豆腐的美味是其他蔬菜比不了的。就是做成了豆花也是很另類的，豆花飯、豆花魚都是不可多得的吃物。因而，自己做菜的時候總不免買一塊豆腐回來，不管是燒湯還是做菜，都成。

不少地方以出產豆腐為名，比如在樂山的西壩，豆腐就被列為三絕之一，甚至於一桌豆腐宴，已有300多個品種，常做的有108種。川菜中的傳統菜式麻婆豆腐更是餐桌上少不得的菜，但正宗的似乎很難吃到了，即便是在陳麻婆豆腐店吃，也是勉強的很。

不過，這都無法抵擋豆腐的誘惑。美食家蘇東坡的詩中有「煮豆為乳，脂為酥」的佳句，宋儒朱熹曾專作《豆腐詩》云：「種豆豆苗稀，力竭心已苦，早知淮南術，安坐獲泉布。」可見，豆腐是文人的心肝，餐桌上少不得來一盤豆腐，要不，恐怕一頓飯也吃得沒滋沒味的了。

臭豆腐我很少去吃，儘管知道它的臭氣掩蓋了它本身具有的香味。我倒是十分喜歡做黴豆腐，在冬天買一塊豆腐，撒上鹽巴，放在一個容器裏，讓它自己慢慢發黴，再拿出來下飯，可口，只是略微鹹了點，卻與泡菜有異趣之妙。

「吃豆腐」在現代漢語中，倒是詞語意義的轉化，幾近「性騷擾」也。這也是中華文化中的獨特一景了。

豆芽的精緻主義

以前，在鄉村生活，蔬菜是少之又少的。早上卻有可能有賣豆腐或豆芽的。不過，那時候的生活實在是不怎麼樣，連這個都只能偶爾吃一次。不像現在，需要的時候就賣，完全不必擔心它的價格，相比較來說，一塊錢一斤在蔬菜當中，還是最便宜的。

豆芽中，我最喜歡的是黃豆芽。因為平時喜歡涼拌來吃，味道確實很好，就是做成豆芽圓子湯也是很不錯的，現在不少餐館都有這個菜，早些年喝湯選擇的種類很少，豆腐湯啦，煎蛋湯啦，粉絲湯啦之類的。現在似乎都不再流行了——也許是我們的口味換了。黃豆芽炒麵條，差不多是每週都吃一次，開心的不行，實在是沒黃豆芽了，那就來綠豆芽吧，味道差一些，只能說是勉強對付過去。

也許，豆芽是屬於精緻主義的。這就像有個傢伙記錄的那樣：黃豆芽入饌時，不但要棄根須如敝履，甚至還要摘下豆瓣，單用豆芽的莖熬湯做肉丸子，乃是實行豆芽的精緻主義的一個範例。不過，在講求速食的今天，能做到精緻主義已經大為不易，或者說，豆芽本身就屬於精緻主義的一部分。

吃席

吃席，在老家臨泉是很隆重的事情，因為一年到頭也難以遇到幾回那麼豐盛的場面。別的不說，就是那一道道不怎麼樣的菜就能勾起人的食慾來。儘管現在來看，那些菜都是再平常不過的事，既沒有新花樣也沒有多少驚喜的。因為做出來那美味的十大碗，也不是很困難的事。

先說說十大碗，是除了第一道陸續上桌的涼菜的熱菜，涼菜一般六個即可，取六六大順之意，但多了也無所謂的，沒誰會抱怨菜的豐盛，吃要吃好，是吃席的第一要素。而隨後上來的熱菜，就是十大碗，也就是十全十美的意思吧，頭碗雞，二碗魚，第三碗就是一大碗肉了。接下來上什麼菜就沒嚴格的要求，這個順序錯亂不得，否則，吃客肯定要嘲笑廚師的水平太一般了。

不過，現在做這些席面的都是土廚師在做，手藝的好壞並不是最重要的。我家算下來也有好幾個人可以做出來這樣的席面的。先是五叔跟人搭夥做酒席，其實他連廚師學校都沒進得，在家也是不怎麼做菜的，這時候居然可以露一手，這在老家都可以稱為人才了。我父親早些年是人家有酒席的時候，他負責做饅頭，一年總有好些親戚鄰居辦喜事找上他，但後來在小鎮上能買到機器做的饅頭了，他就基本上處於「失業」的狀態，後來也居然可以出去做酒席了。堂弟當中也有這樣的人物，有的還是專門去烹飪學校學了下。在老家，做酒席是很簡單的事，味道說的過去就成，分量要足夠，哪兒還有其他的講究呢。

但我在小時候還是蠻喜歡出去吃席的。有一次，村裏的一戶人家娶新婦，本來就一頓午飯的事，到了晚上，放了學我依然趕過去吃飯，美美地吃一頓才回家去，吃的內容只不過是一些菜蔬，連肉都很少碰一下的。這不能僅僅歸結於我是好吃嘴。而是在那個時候，這樣的飯局總是非同小可，平時難以吃到的食物都會出現不說，也能享受到別人的服務，吃完拍拍屁股走人可也。

如果是到親戚家去吃席，距離不是很遠的話，一般都是拖家帶口的去。吃完了三頓飯，還要住上幾天才成。你要酒席剛完就提出回家去，東家準會說：「都是些剩菜啥的，再說了，一年到頭見不了幾回。」說的你自然不好意思再提這事，生怕東家笑話你是不是不夠意思的。

因為吃席的難得，一般都是拿出最合身的衣裳出場。不過，我還發現一個有些意思的事。比如吃席時最好是和年紀大的人同桌，他們吃的慢，有時再來一點小酒，擺下龍門陣，這桌菜基本上到酒席結束了還有很多菜沒動。此時就可以安心地吃，不必像年輕人那樣，一盤菜剛上來，也不管好歹，風捲殘雲一般，就成了空盤。

以前吃席，幾塊錢都能拿得出手，如果是沾親帶故的話，也不過多點兒吧。不過，現在老家很少這樣奢侈的辦酒席了，因為所費不貲，送禮的也不過是二三十塊錢，算下來還是很吃虧的，就只好算了。即便是請客，也只請一些親戚朋友了。規模越來越小，也是人情越來越淡了。大魚大肉都不是很稀罕的時候，酒席的意義就只剩下了聯絡感情的通途了。

去年五一節的時候，我的同事甘森結婚，於是一行人跑到崇州去吃九斗碗的流水席。那九斗碗的風格與十大碗相類似，只是更多是蒸菜，而少炒菜的，不需要現做，這樣吃流水席才能快速的起來，那許多的風味是不是還是傳統的，就不得而知了。

在供銷社吃飯

早就知道洛帶的供銷社飯店辦得很不錯，那一道著名的客家菜——油淋鵝，不知道迷住了多少食客。我每次去洛帶除了遊玩，吃東西不過選傷心涼粉之類的小吃，覺得這已經很不錯了，哪兒還想著去專門跑到供銷社飯店吃飯，只是有個念想存著先，該你吃到的東西，早晚會吃到的嘛。

我早就在著名出版人吳鴻的博客中看到了介紹，可以說是心嚮往之：供銷社飯店是這裏最有名的，我們每次去都是在這裏吃，這次也不例外，最有名的一道菜是：油淋鵝。可惜的是，這道菜居然沒有走出過洛帶，要吃還只能到洛帶去。我曾去動過把油淋鵝推廣出去的念頭，也有人附和，卻沒有人真的有動靜。當油淋鵝端上來的時候，我曾問過是怎麼做的，沒有人肯回答，都說不曉得，只有師傅會做。

其實這鵝在洛帶會做的人很多，我們走過古鎮的老街，賣鵝的攤很多，聞起來都是那麼地香。

今年端午節的時候，第三屆中國鄉村詩歌節在洛帶舉行。趁著這個機會自然要大飽口福了。原來我只想著這樣的活動要安排飯局的話，一般都會找一家農家樂，既經濟又實惠，而且做這樣的活動，一般經費都有限的很，若是沒贊助的話，註定是吃不到好東西的。在詩人，這是聚會，也是交流，無所謂的。前幾年，我在四川省供銷社辦的報紙混過一段時間，也沒想著過來在供銷社飯店吃個飯，那時的供銷社就已經有式微的苗頭吧，不過，那時我對這些都不大關心的。

詩歌朗誦的活動一結束，四五十號人就浩浩蕩蕩的向供銷社飯店殺去，原來我以為像這樣有名的館子，一般是在主幹道上，但它卻偏偏在老街的背後，從五鳳樓廣場穿過去，然後沿著小徑抵達。幸好是提前預定了座位，要不，可真不知排隊排到什麼時候。有位網友在博客中寫道：第一次去洛帶供銷社吃飯，我也是在別人的餐桌旁邊苦站了二十分鐘左右，方才守得一張吃飯的桌子。所謂「守」，就是別人在桌上吃，我在旁邊站，一邊站一邊還要不斷瞄別人的盤子裏還剩多少菜，既要讓別人知道你在候著，還不能掃了別人吃飯的雅興。

先上來的涼菜沒多少特色，就是傷心涼粉，吃起來也不是那麼地道的吧，並沒有想傷心的感覺。終於見到了油淋鵝，說實話，做得有些其貌不揚，甚至於跟鴨子的色澤看上去相差無幾的。但這到底是名物呢，先夾一大塊吃起來，味道不錯，正準備慢慢回味的時候，敬酒的隊伍就一撥撥的過來了，趕緊咽下，等把一杯紅花郎喝完，在看油淋鵝已經沒大塊的了。只好作罷，可誰知道，接著上來的大都是肉食，不是雞就是鴨子，或回鍋肉啥的，這在素食主義者看來，可能有些過分了些。不過，因為沒怎麼吃早飯，就先吃起東西再說，酒再慢慢的整起。那條魚是不是這裏的特色菜豆瓣魚，就不曉得了。

跟我同桌的、喝酒的人不過三五個，這也足夠了。因怕自己一不小心醉倒，就沒敢出去走一圈。上菜的速度越來越快，大家的吃情不改，如果動作慢一點，一定是盤子疊加在一起好多了……不過，這樣的聚會總是令人開心的，至少在吃吃喝喝之中更愉快的交流。我對書法家牛放說，改天，你得給我寫字了。這事已經說了一兩年了，到現在還沒見字的影子呢。然後對詩人、《屏風》的主編胡仁澤說起去年在青白江喝酒的事……邊說邊喝，我也沒少喝下去酒，結果是一瓶白酒三下五除二就喝完了，又喊來一瓶，有幾個酒鬼也聚了過來，自然是再喝下去了，等到我們把酒喝完出來，才發現同行的詩人都已經吃完了，離開了飯店，跑到廣東會館喝茶去了。

餐桌日誌

說起吃飯，都是很開心的事。看了小寶的《餐桌日記》，也忍不住想把跟朋友吃飯的樂事記下來。其實，寫美食，只是記下一些功能表，然後是物質的消費，如果僅僅這樣，缺了美食的交流與互動，大概美食也減色不少的吧。

一月三十一日

到杜甫草堂參加大年初六「人日」新詩朗誦會。每年的這一天都要到杜甫草堂來，除了參加活動，就是在市美軒吃老杜一頓。不少寫詩的老朋友都來了，吃飯，喝酒，僅此而已。

我坐的那一桌，除了採訪的記者，沒外人了，酒都不肯怎麼喝的人。我現在是喝酒越來越喝不動了，隨便幾杯酒下肚，就有點醉的感覺。但好歹是剛過了年，大家聚在一起，不喝酒，似乎也過意不去的。

二月十四日

天涯社區的長老那五來到成都。上午，在一號橋頭的老房子在河之洲吃飯。上周，老馬打電話說，週六聚會，原來以為是上週六，後來才知道是今天。那五上一次來是一兩年前的事情了，那次我們在玉雙路吃三隻耳，來的人一大桌子。那時，成都還沒發生地震。想想，這時間過得可真快，一晃就過去了。

到了地方才知道，吃飯的就老馬、那五和我。本來約了王不了，但他說單位在開會，吃飯時邊吃飯邊打電話，沒有消息。其實，混在天涯的成都人不少，但經常聚會的就是幾個人。包間很大，飯菜點的多了些，就先吃東西，要了幾瓶黑啤，但酒也沒怎麼喝，人少，總是不大容易烘托出氣氛來的。

三月三日

單位搞的郎咸平的演講會在麓山國際社區舉行。票價八百塊，但大都被送掉了。我沒送一張，總覺得聽不聽都沒什麼妨礙的，至少自己不搞投資這一塊的嘛。到了中午飯的時間，居然沒有安排飯，幾個人出來，沿著大路向仁壽的方向開去，在一家小館子吃飯，飯菜看上去都有些土氣。

酒是老闆自家釀造的，還不錯。因為沒吃早飯，就先填飽肚子再說。後來，也沒怎麼敢喝酒，人太多的場合，還是低調一點比較好。反正自己不是老大，沒必要每個人都喝一回的，除非是不怕自己醉倒。吃完飯，就返程了，坐在車上，居然有些暈乎乎的感覺。

三月十三日

晚上，在辦公室閒著無事，就跟李麥、楊娟麗出來，在水碾河的嬌子音樂廳背後的一家蒼蠅館子吃飯，那地方名叫金三角。其實是一個不規則的地方罷了。楊娟麗吃到一半，說有個活動要去採訪，先撤了。

我跟李麥繼續喝酒，一不小心，每人喝了半斤枸杞酒。聊書聊雜誌，很開心。對《中國西部》雜誌有不少的想法，如果大家一起努力說不定就把雜誌做起來了，很樂意試一下。我寄出去的雜誌，反饋回來意見還不錯。但不知道雜誌會不會有什麼變故。

三月二十日

下午，太陽很好，跟幾個朋友坐在老南門茶苑喝茶。還沒等著喝完茶，天涯社區著名的老馬說，晚上在老房子在河之洲吃飯，讓我先訂個座兒。可我居然忘記了電話，等我趕過去，他們已經坐好了，並且上了菜。路上太堵車，本來我先到的，結果成了最後一個。來的人有天涯社區著名的長老那五、文學批評的著名版主下午茶。不知道什麼風一下子把他們吹來了。終於見到了王不了，大概有一年多沒跟他吃過飯了。他現在花大把的精力侍候女兒，偶爾在博客上寫幾句，不知道他的女粉絲有意見沒得。

不過，幾個人完全是吃飯的架勢，沒怎麼喝酒，全是聊天，聊天涯這個破地方。

四月十四日

差不多，在成都吃飯離不開火鍋的。即便是中餐，也是以川菜為主的吧。

下午，從桂林歸來。我還在路上的時候，康莊在電話中說，晚上在布後街的火鍋店吃飯。本來讓我早點到占位置的，但我回到屋裏，上下網，再出來就晚了許多。到的人有成都

撲克協會會長張濤、投資界主編熊九蒙，以及美女幾位。四川小小說學會副會長駱駝因為有事沒來。大家都很熟悉了，喝酒也放的開，主要是跟美女喝酒，也不知道喝了多少。等到快吃完飯的時候，詩人舉人家的書童趕到。又喝了下小酒，散去，到猛追灣街喝茶。

四月十九日

上午，趕車去都江堰。先見了文佳君，在楊柳河邊喝茶。就在河邊吃飯，水餃，帶幾碟小菜，要了四瓶啤酒。詩人王國平卻因為身體不大舒服，已經一天沒吃飯了，看上去很憔悴。風輕輕地吹著，旁邊的河水比成都的河水好多了，要是成都，這樣的地方坐一上午，估計那無比厲害的臭味會把人熏死的。

晚上，幾個人去到青城山的腳下吃飯。越過二王廟，比上次來整修的好多了。山體上固上了鋼絲網，也許是怕山體滑坡吧。在一家叫九妹的農家樂吃飯，照樣是幾樣小菜，吃的很舒服。吃飯的有兩桌人，另外的一桌是上海援建都江堰的人。

四月二十三日

晚上，去周老師家吃飯。其實，這飯局是上周約定的。上次去周老師家吃飯好像還是去年的事情。說來，這事頗為久遠了似的。在前幾天，周老師就約著去他們家吃飯。周老師是我二〇〇四年的同事，那時做《新書報》來著。後來，又在著名的《成都客》同事。這麼說，應該早就去過周老師家吃飯了，但到目前只去過兩次。

晚飯頗為精緻，有一個是拌黃瓜，還有一個是周老師親手做的土豆燒排骨。這菜很家常，我吃過了也不知道有多少次了。這次跟以前大有不同，當然是因為周老師做的。周老師這是第二次做這個菜，沒有吃過第二次，就不好拿來比較一番了。

五月一日

晚上，詩人杜成與李麥約著吃飯。因為他們有車子，就跑到海椒市街來。開始說的是壩壩筵風味火鍋，到了地方才知道店已經轉讓了，改成了重慶崽兒火鍋。杜成是巴中人，他以前在天府早報上班，我是那時認識的，一晃都七八年過去了。

因為火鍋店剛開業幾天，菜品均打七折，還送果盤和小吃。其實，現在的成都許多館子剛開業都搞類似的活動，至於能做多久，實在是一個未知數。

吃飯的人很多，排隊等了快一個小時才吃得上。席間自然喝點小酒。這裏的枸杞買到三塊錢一兩，三個人喝了一斤多的白酒。如果是啤酒，大概是更多一些的吧。杜成沒怎麼喝酒，幾乎是我跟李麥喝，邊吃邊聊，聊起了成都新聞圈的許多事，十分的感慨。

五月八日

下午，馬小兵、石維、林元亨的新書《格老子，四川人》在成都的白夜酒吧舉行了首發式。由於臨時開會，我去的時候，已經接近尾聲了，大家的發言也基本上結束了。見了不少老朋友，猶如創意市集一般。

晚上在香積廚吃飯，喝了不少白酒，見了一大幫老朋友，很開心。香積廚是莽漢詩人李亞偉開的館子，生意奇好。吃完了，大夥轉移到白夜酒吧，繼續喝酒。因為這天是白夜的11周年的生日，人很多，位置都不夠坐。到處是端起酒杯、拿起酒瓶子的人，見著了喝一口，說一兩句話。詩人韓俊來了，因為突然下雨，就略微坐了坐。我也沒怎麼待下去，就回家去了。

五月九日

下午，四川美術出版社出版的《現在的我們——「5・12」大地震都江堰倖存者口述》在成都A４畫廊舉行了首發儀式。

活動剛結束，就坐蔣藍的車子，進城，在海椒市街吃蹺腳牛肉。同席的有蔣藍、白郎、汪念先、況璃、凸凹、印子君。距離上次來這裏吃飯，不過是幾個月時間，味道似乎有了差異，也許是辣醬不夠辣的緣故吧，但更有可能是這飯是需要慢慢品嚐的，太快了無法品味出它的特色來。大家沒怎麼喝酒，快速的吃飯，因為接下來要趕到文殊坊的成都會館，蔣藍任職的《熱道》雜誌舉行一個「藝術家與孩子的對畫」的公益活動義賣會。

後記

大概每個人都對飲食有或多或少的溫暖記憶，又或者有不好的印象。這似乎都無關緊要，關鍵的是，飲食之道的博大精深實在是難以用語言或圖片一下就能說清楚的。

也正因為如此，對飲食的解讀也就充滿了樂趣。當然，我們最簡單的可將此歸結為享樂。僅僅是這樣，大概也難以呈現出飲食的風貌。

它應該是屬於世俗的。那高貴是在平凡中的溫馨，不經意，亦不要刻意為之，但對飲食來說，似乎如何詮釋，都難以有給一個更契合的因由。

那麼，在這裏記錄的不是食單，也不是心靈所致，只是隨手記錄下些感想。有朋友說，這樣的飲食文字能引人食慾。確實，不管怎麼樣的飲食，大都是在引人食慾而已。如果這些文字能做到這一步，真是令人安慰。

身居成都，這個城市又被稱為美食之都。這對我而言，更是一種福分，那小吃，那美味，總令人流連不捨；那啤酒味兒，那泡酒，二鍋頭兌王老吉，土產洋酒也，它們不是酒池，卻浸泡了這生活；那一天天的飲食，那點滴的生活記憶，構成了簡單而繁複的人生。這也是我們想要的生活吧——依然是有著人情味的記憶了。

又或者，深夜，下著小雨。歸家。樓下的燒烤攤坐著一兩個人，閒散的喝著酒，烤肉串的味道四溢，忍不住停下來，坐下，喊店家來一瓶小酒，兩串燒烤，喝了，再回家，那也是無上的舒坦。想起舒國治的《理想的下午》，在成都，大概晃蕩的最好時刻是夜晚了。至少很多美味是在夜晚出現的——早餐也有的吧，不過，似乎都是粗陋了些。

也因此，我猜想，某些時候，飲食的豐富似乎在於味蕾的張力。但我又想到，或許對飲食的喜愛，來自於我們的偏見。有時候，我們喜歡或討厭一種食物，似乎是沒多少道理可言的。

一個好的食客，大概是要精於飲食之道，並能做一手好菜。這樣說，似乎不怎麼及格。儘管時常下廚做菜，都是簡單的幾樣。太太的手藝比我好多了——北方男子似乎都有些大男人主義，有時拿手的菜也是懶得動手做的了。

太太會做的是北方菜，川菜還是不夠拿手。所以，每天的功能表也就簡單了許多。有時實在是懶得做菜，乾脆買回一條草魚，佐料，做成一鍋酸菜魚來，那也是頂不錯的享樂。不過，居家過日子似乎都是如此這般，有時豐富，有時簡化，但這飲食的調配之美在於變化的無窮。然而，這變化卻隱含著些許涵義在，那是最溫馨的提示，猶如一個媚眼，一個手勢，只有懂得的人才能頓悟出那一重意思。

這些記錄有些跟此有關。它們曾以各種面目出現在不同的《成都客》、《中國烹飪》、《信息時報》等等媒體上，但這次還是照單全錄，也許，它們記錄的多少還是有些意思——至少不是那麼的枯燥，難看。

那麼，到這裏應該感謝諸位了，吃喝玩樂中的同仁，胖酒會中的夥伴，是他們帶領我體驗了飲食之旅上的豐富，感謝太太，給我一個溫暖的胃。女兒、兒子讓我的餐桌變得不再孤獨，儘管有時候會為美食而爭搶，甚至會為個人的喜好而爭吵——這讓一頓晚餐變得更為有趣了許多。

感謝秀威資訊科技股份有限公司蔡登山先生為本書出版付出的辛勤和努力，感謝編輯林千惠、賴英珍和封面設計者蕭玉蘋讓本書增色不少。

朱曉劍

語言文學類　PG0451

舌尖風流

作　　者／朱曉劍
主　　編／蔡登山
責任編輯／林千惠
圖文排版／賴英珍
封面設計／蕭玉蘋

發 行 人／宋政坤
法律顧問／毛國樑　律師
印製出版／秀威資訊科技股份有限公司
114台北市內湖區瑞光路76巷65號1樓
電話：+886-2-2796-3638　傳真：+886-2-2796-1377
http://www.showwe.com.tw
劃撥帳號／19563868　戶名：秀威資訊科技股份有限公司
讀者服務信箱：service@showwe.com.tw
展售門市／國家書店（松江門市）
104台北市中山區松江路209號1樓
電話：+886-2-2518-0207　傳真：+886-2-2518-0778
網路訂購／秀威網路書店：http://www.bodbooks.tw
國家網路書店：http://www.govbooks.com.tw
圖書經銷／紅螞蟻圖書有限公司
114台北市內湖區舊宗路二段121巷28、32號4樓
電話：+886-2-2795-3656　傳真：+886-2-2795-4100

2010年12月BOD一版
定價：350元

國家圖書館出版品預行編目

舌尖風流 / 朱曉劍著. -- 一版. -- 臺北市 : 秀威資訊科技, 2010.12

面； 公分. --（語言文學類 ; PG0451）

BOD版

ISBN 978-986-221-611-8（平裝）

1. 飲食 2. 文集

427.07 99017429

讀者回函卡

感謝您購買本書，為提升服務品質，請填妥以下資料，將讀者回函卡直接寄回或傳真本公司，收到您的寶貴意見後，我們會收藏記錄及檢討，謝謝！如您需要了解本公司最新出版書目、購書優惠或企劃活動，歡迎您上網查詢或下載相關資料：http:// www.showwe.com.tw

您購買的書名：______________________________

出生日期：________年________月________日

學歷：□高中（含）以下　□大專　□研究所（含）以上

職業：□製造業　□金融業　□資訊業　□軍警　□傳播業　□自由業

□服務業　□公務員　□教職　□學生　□家管　□其它_____

購書地點：□網路書店　□實體書店　□書展　□郵購　□贈閱　□其他

您從何得知本書的消息？

□網路書店　□實體書店　□網路搜尋　□電子報　□書訊　□雜誌

□傳播媒體　□親友推薦　□網站推薦　□部落格　□其他__________

您對本書的評價：（請填代號　1.非常滿意　2.滿意　3.尚可　4.再改進）

封面設計____　版面編排____　內容____　文／譯筆____　價格____

讀完書後您覺得：

□很有收穫　□有收穫　□收穫不多　□沒收穫

對我們的建議：______________________________

____

____

____

請貼
郵票

11466
台北市內湖區瑞光路 76 巷 65 號 1 樓
秀威資訊科技股份有限公司　　收
BOD 數位出版事業部

（請沿線對折寄回，謝謝！）

姓　　名：＿＿＿＿＿＿＿＿　年齡：＿＿＿＿　性別：□女　□男

郵遞區號：□□□□□

地　　址：＿＿＿＿＿＿＿＿＿＿＿＿＿＿＿＿

聯絡電話：(日)＿＿＿＿＿＿＿＿　(夜)＿＿＿＿＿＿＿＿

E-mail：＿＿＿＿＿＿＿＿＿＿＿＿＿＿＿＿